MATHEMATICS
STORIES
ON STAMPS

上海科普图书创作出版专项资助

邮票上的数学故事

郑英元 著

华东师范大学出版社
·上海·

图书在版编目（CIP）数据

邮票上的数学故事/郑英元著.——上海：华东
师范大学出版社，2012.6
ISBN 978-7-5617-9668-9

Ⅰ.①邮… Ⅱ.①郑… Ⅲ.①数学－普及读物
Ⅳ.①O1-49

中国版本图书馆CIP数据核字（2012）第146851号

邮票上的数学故事

著　　者　郑英元
责任编辑　倪　明　孔令志
装帧设计　高　山

出版发行　华东师范大学出版社
社　　址　上海市中山北路3663号 邮编200062
网　　址　www.ecnupress.com.cn
电　　话　021-60821666　行政传真 021-62572105
客服电话　021-62865537　门市（邮购）电话 021-62869887
地　　址　上海市中山北路3663号华东师范大学校内先锋路口
网　　店　http://hdsdcbs.tmall.com

印 刷 者　上海中华商务联合印刷有限公司
开　　本　787×1092　16开
印　　张　11.5
字　　数　205千字
版　　次　2012年10月第1版
印　　次　2022年8月第5次
书　　号　ISBN 978-7-5617-9668-9
定　　价　56.00元

出 版 人　王　焰

目　录

前　言

　　数学是一门基础学科，每一个人从小学一年级就开始学习数学。现在人们几乎每一天都离不开数学，而相关的数学元素也普遍存在于各个事物之中。即使像邮票这样常见于我们生活中的小小方寸，也含有许多数学元素。这就是本书所要借助的对象。

　　本书在对邮票（也包括邮资明信片、邮资信封、邮戳等等邮政用品）图案介绍与欣赏的同时，让你了解数学的基础知识、历史故事、数学家轶事、数学的发展和应用以及与数学有关的趣闻。

　　全书共有十章，每章由若干节组成。前九章按专业分别讲述，第十章为数学的其他内容。本书以图说事，每节讲一个事。由于邮票图案的局限性，本书介绍的只是数学的主要方面。本书涉及的人物比较多，当首次碰到时将标以蓝色黑体字，并注明生卒年份。在人名索引中将提供该人物所出现的节次和邮票图号。其他重要名词第一次碰到时将标以黑体字。另一个索引是为非集邮专业人士提供的集邮名词检索。书末的参考文献为年轻读者提供了相关数学参考书和集邮文献。由于现在网络信息比较发达，许多参考资料在网上搜索也极为方便，这里就不多说了。

　　本书图文并著，期望能引起大中学生以及其他数学爱好者的阅读兴趣。本书也是中小学数学教师的实用参考书。教师们可以在书中选取相关部分，作为课堂教学或者组织学生课外活动的素材。书中的大部分章节可以独立阅读，基本不受前后知识的影响。对于低年级学生可以在教师指导下选读其中某些章节。

　　本书也是一本集邮书籍，笔者曾应用所收集的数学邮票及相关的邮品，组编成专题邮集《数学》，在上海市和全国邮展中均获得镀金奖。为此，期望本书能为收集数学专题或者相关专题的集邮者提供帮助，或者了解所收集邮票的背景材料。本书所展示的数学邮票目的在于充分应用它叙述相关的数学故事。为此甚至采用一张印有德国数学家高斯肖像的德国纸币，以说明高斯还是一位大地测量学家。本书也期望告诉年轻集邮爱好者，集邮的对象不仅是邮票，也可以是邮戳等等。

自2007年8月份至今，笔者已在《数学教学》杂志的集邮角专栏上连续刊登邮票上的数学故事近五十篇。在此，非常感谢《数学教学》名誉主编张奠宙教授、主编赵小平教授和忻重义、胡耀华诸位编辑，多年来给予我的支持与帮助。

笔者在收集邮票和写作过程中，还得到陈美廉、茆诗松、徐元钟、胡启迪、林武忠、陈志杰、蒋鲁敏、冯志坚、黄祥辉诸位教授的帮助，特此致谢。

最后要感谢华东师范大学出版社倪明、高山、孔令志诸位编辑为本书的出版所付出的辛劳。

本书的编写难免有不够周全或者疏漏的地方，敬请读者批评指正。

作 者

2012年4月

第五次印刷在原有基础上略作修改，在2.3节增加了"乘法九九口诀"，在10.3节增加了"国际数学节"。

作 者

2022年8月

一、数的故事

图1.1.1（秘鲁，1972）

图1.1.2（卢旺达，1974）

1.1 人类早期记数方式的演变

人类在远古时代从事狩猎、农作、放牧等各种生产与生活活动中都需要记数。最初人们采用**实物记数**，如用小石头、树枝、贝壳等等，其原则用现在的话来说就是一一对应。比如说早上放羊出去，每放一只羊，就捡一个小石头，到傍晚收圈时，就按小石头的个数来清点羊的只数。

但是这些记数的实物容易散乱，携带、保存也不方便。于是就出现了用**结绳记数**，在我国《周易》中就说到"结绳而治"，它指"结绳记事"或者"结绳记数"。在世界其他地方如希腊、波斯、罗马、伊斯兰国家和南美的印加帝国（它包括现在的玻利维亚、厄瓜多尔、秘鲁等地方）也都有结绳记事的记载或实物标本。这种结绳制度在秘鲁高原甚至延续到19世纪。图1.1.1是结绳记数的实物标本图示，图1.1.2是传递结绳记事的印加信使。

然而，结绳还是不甚方便，于是又出现了在实物（如木头、石板、骨头等）上的**刻痕记数**方式，在中外文献中都有记载和实物标本。图1.1.3的左上方画的就是古人在木柱上刻的画面，刻痕记数应该说就是数文字的雏形。图1.1.4展现的是公元前3000年左右苏美尔人（他们居住于底格里斯河和幼发拉底河之间地带）的记数泥

图1.1.3（埃及，1996）

板，图1.1.5是古阿尔及利亚人刻在木板上的计算表格。

对于那些数量比较少的实物计数，人们常用**扳手指计数**，这就是常说的"屈指可数"，这种习惯一直保持到现在。图1.1.6和图1.1.7的画面是扳手指数数，图1.1.8表现的是用手势表示数目。

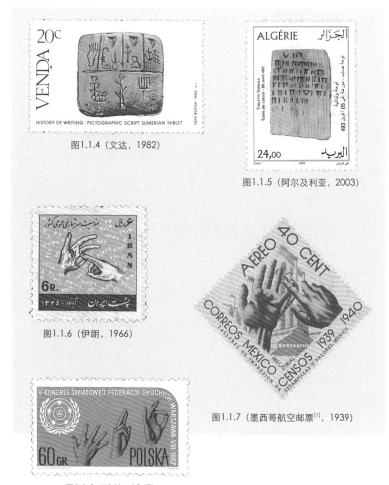

图1.1.4（文达，1982）

图1.1.5（阿尔及利亚，2003）

图1.1.6（伊朗，1966）

图1.1.7（墨西哥航空邮票[1]，1939）

图1.1.8（波兰，1967）

---

[1] **邮票**是邮政部门发行、供寄递邮件贴用的邮资凭证。寄递邮件者将邮票贴在邮件上，再由邮局加盖戳记消值，用以证明寄邮人已支付了全部或部分邮资。本书图例中未加特别说明的，均为邮票。**航空邮票**是专为邮寄航空信件而发行的邮票，世界上大部分国家都发行过航空邮票，但现在多数国家都允许航空邮件使用通用邮票。

1.2 话说"数字"

1．印度-阿拉伯数码

现在国际通用的阿拉伯数码除了图1.2.1中的5个以外，还有6、7、8、9和0，一共十个。应用这十个数码再配上十进位制就能表示任何一个自然数。而且还方便进行各种运算。对于阿拉伯数码追其根源是来自公元前7–8世纪的印度婆罗米文字，最初只有9个，开始时零用空格表示，后来改用小点，一直到公元9世纪才出现"0"。公元8世纪，这种印度数码随着天文数表传入阿拉伯国家，阿拉伯数学家花拉子米（al-Khwārizmi，约780–850，图1.2.2是纪念花拉子米诞生1200周年的邮票）在这基础上写成《花拉子米的印度计算法》，这是第一部用阿拉伯文介绍印度数码的书籍。后来意大利数学家斐波纳契（L. Fibonacci，约1170–约1250）游历北非、埃及等地。他探索阿拉伯文化，并于1202年完成著作《算盘全集》，在这本书中首次向欧洲人介绍这种来自阿拉伯的数码，就称它为阿拉伯数码。不过现在数学史专家普遍认为称它为"**印度-阿拉伯数码**"更为妥当，这在现行小学教材中已有介绍。

图1.2.1（德国，1993）　　　　　　图1.2.2（苏联，1983）

2．中国数字

中国数字有着悠久的历史，在商周时代的甲骨文（图1.2.3）中就出现了数字，至今已有三千多年的历史。图1.2.4是两千年前汉代的木牍上的中国数字。20世纪50年代初，中国邮戳上仍然用中国数字表示日期与时间（图1.2.5、1.2.6）。在1949年发行的中国邮票（图1.2.7）上用中国数字（大写）表示面值同时也用印度-阿拉伯数码作标注。现在印度-阿拉伯数码已经在我国普遍使用，但在某些记数场合使用中国数字也有它方便的地方，比方说中国人口数量：十三亿，如果用印度-阿拉伯数码表示是：1 300 000 000，显然它没有中国数字来得简捷。

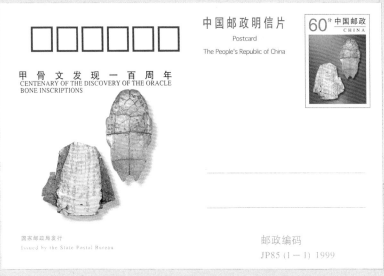

图1.2.3（中国纪念邮资明信片[1]，1999）

图1.2.4（中国，1996）

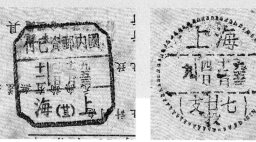

图1.2.5（中国邮戳[2]，1953）

图1.2.6（中国邮戳，1953）

图1.2.7（中国，1949）

3．罗马数码

罗马数码在欧洲曾长期使用。它用某些大写拉丁字母表示数目，I表示1，V表示5，X表示10，L表示50，C表示100，D表示500，M表示1000等等。它是5进制的，于是

2是II，3是III，8 = 5 + 3是IV，8 = 5 + 3是VI，

8 = 5 + 3是VIII，9 = 10 − 1是IX，12 = 10 + 2是XII，

也就是说减去小单位写在大单位左边，加小单位写在大单位右边。于是

80 = 50 + 30是LXXX，400 = 500 − 100是CD，3000是MMM。

于是印度−阿拉伯数码3489便写成MMMCDLXXXIX，这使用起来就过于冗长，不甚方便。目前它主要用于表示较小数目，比如钟表上的钟点（图1.2.8），或者用于表示日期，如图1.2.9加盖邮戳时间为：1912年11月16日8点，这里11和8用罗马数码表示，这在当时也是为了区分这一组数码的不同含义。

图1.2.8（波兰，1988）

但在欧美早期邮票上的面值数额一般既不用罗马数码，也不用印度－阿拉伯数码，而是用英语中数词"ONE"、"TWO"等等。图1.2.10邮票中的邮票是1840年英国发行的世界第一枚邮票，面值1便士写成"ONE PENNY"，这好像中国过去常用大写数字表示金融的数额一样，以示慎重。而图1.2.10这枚邮票的面值是5d（即5便士，这里d是denarius的缩写，它与penny；pence同义）。

图1.2.9（瑞士邮资信封[3]上加盖的邮戳，1912）

图1.2.10（英国，1970）

4．阿拉伯文数码

在使用阿拉伯文的伊斯兰国家里，他们在邮票上同时用**阿拉伯文数码**和印度－阿拉伯数码表示面值的数额，以便为各种需要的人识别和使用。图1.2.11下方左右角是数码150的两种文字，由此看到阿拉伯文数码中画一个圈表示5，而一点表示0；图1.2.12下方左右角是数码2的两种文字，图1.2.13右下方是数码4的两种文字。图1.2.14和1.2.15中数码7、8的两种文字，在阿拉伯文数码中，它们正好颠倒一下。

当然，世界上还有许多国家或者民族有着他们自己的文字及其数文字，这里就不一一列举了。

图1.2.11（伊拉克，2001）

图1.2.12（伊朗，1973）

图1.2.13（卡塔尔，1972）

图1.2.14（阿富汗，1975）

图1.2.15
（埃及航空邮票，1996）

[1] **邮资明信片**是邮政部门发行的一种邮资凭证，它是将邮票直接印在明信片上。它一般不允许将邮资图裁剪下来贴在其他邮件上作为邮票使用。**纪念邮资明信片**为纪念重大事件或重要人物而专门发行的邮资明信片。纪念图文可以印在邮票图案中或者明信片上。

[2] **邮戳**是邮政部门对某项邮政业务的处理方式、方法而留下一种戳记。最常用邮戳是**邮政日戳**（如图1.2.6）。邮政日戳的主要功能是标明邮件寄出或者收到的时间地点，它是邮件传递时间和地点的查询依据。**邮资已付邮戳**（如图1.2.5）是寄发大宗邮件时，免贴邮票，采用邮资总付方式所盖的邮戳。在这类邮戳上，除了标明收寄邮件的时间地点外，必须注明"邮资已付"。我国从2007年4月1日起已停止使用邮资已付邮戳。

[3] **邮资信封**是邮政部门发行的，并印有邮资图案的标准信封。它不允许把邮资图裁剪下来贴在其他邮件上作为邮票使用。

1.3 实数

自然数是数系中最基础的部分。但不管是从人们表达数量的实际需要，还是从运算的角度来看，只有自然数显然是不够的。于是就出现了分数、小数、无理数等等。

在我国、印度和阿拉伯等古文化比较发达的地区，数千年前就已经有了**分数**的概念。但分数线是阿拉伯人在12世纪后期所创造，13世纪初才由意大利数学家斐波纳契介绍到欧洲来。而现在所用的"分数（fraction）"一词，是200多年前瑞士数学家欧拉（L.Euler，1707−1783）在《通用算术》一书中首先使用。图1.3.1至图1.3.4是分数出现在邮资值上的几个例子。图1.3.5（宣传储蓄利息3%）和图1.3.6（图示说明罗马尼亚化学工业，从1965年的100%发展到1970年的230%）是百分数的两个例子。

图1.3.1
（美国欠资邮票[1]，1930）

图1.3.2（美国邮资信封上的邮资图，1968）

图1.3.3（新西兰邮资戳[2]，1951）

图1.3.4（英国邮资机戳[3]，1965）

其实，分数的出现也是除法运算的需要。如求方程 $px = q$（p、q 为整数且 ≠ ）的解，就必须引进分数概念。全体分数就构成了有理数系。

图1.3.5（美国邮资机符志，1963）

图1.3.6（罗马尼亚邮资明信片，1970）

　　关于**小数**，首先是荷兰工程师斯蒂文（S.Stevin，1548－1620，图1.3.7）在他制作的利息表中意识到添加十进小数的紧迫性，于是他在著作《论十进》中竭力主张把十进小数运用到整个算术运算中去。但用黑点作为小数点，最早出现在1608年德国出版的克拉维乌斯（C.Clavius，1537－1612）《代数学》一书中。在图1.3.8中用小方块作为小数点，这只是为印刷上的美化起见。如果整数部分是零，有时也省略不写整数部分，直接从小数点开始，如图1.3.9。

图1.3.7（比利时，1942）

图1.3.8
（美国邮资信封上的邮资图，1978）

图1.3.9（美国邮资机戳，1933）

至于**无理数**的发现，那是很早的事。在公元前500年，古希腊毕达哥拉斯学派的弟子希帕索斯（Hippasus，约前五世纪）就发现一个正方形的对角线与其一边的长度是不可公度的（这大概是人们最早认识$\sqrt{2}$的存在）。同样人们也发现直径为1的圆周长与其直径的长度是不可公度的，由此产生的新数人们用希腊字母π表示，图1.3.10是哥伦比亚工程师协会会徽，它把π放置在会徽的中心。图1.3.11邮票的背景图案和边纸上是无理数π无穷小数形式。还有自然对数的底数e（图1.3.12是罗马尼亚全国专题集邮展览邮资明信片，它左下方有e的级数形式）等等这类新数（相对于有理数而言）不断地被发现。由此引发了一场数学危机，这一直延续到19世纪下半叶，才由德国数学家魏尔斯特拉斯（K.T.W.Weierstrass，1815−1897）、戴德金（J.W.R.Dedekind，1831−1916，图1.3.13）和康托尔（G.Cantor，1845−1918）等分别从连续性的要求出发来定义**实数**。之后人们证明了这些定义彼此是等价的。从此也结束了无理数被认为"无理"的时代[4]。

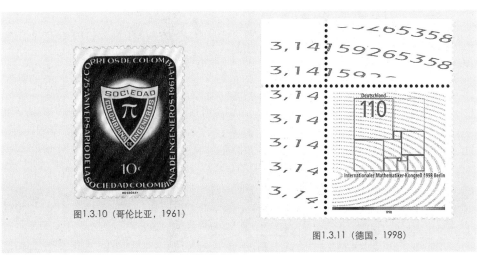

图1.3.10（哥伦比亚，1961）

图1.3.11（德国，1998）

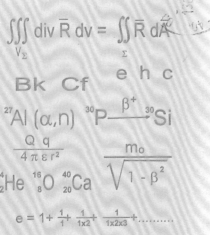

图1.3.12（罗马尼亚邮资明信片，2002）

图1.3.13（民主德国，1981）

[1] **欠资邮票**是邮局向收件人收取欠付邮资时贴用的专用邮票。通常以面值数字为主图，有的还印有"欠资"字样。欠资邮票不能作为预付邮资的凭证，邮局不预售。

[2] **邮资戳**是一种仅仅标明邮资值的邮戳，比较少见。

[3] **邮资机戳**也称为**邮资机符志**。邮资机的全称是"邮件资费盖印计费机"。由邮资机盖（打印）出来的戳记称为邮资机戳或者邮资机符志。邮资机主要由两部分组成，一是标明已付的邮资值（邮资部分），另一是收寄邮件的时间（日戳部分）。它是一种具有自动计数功能的计量器。早期邮资机是机械式的，只能盖几种人工预先设定的邮资值和人工调整的日戳。后来也常见把上述两部分合二为一的邮资机。现在各国大多是使用电子式的邮资机，其邮资记录和结算均由专用的电子计算机进行。并采用电脑软件驱动打印机打印戳记。常见的邮资机符志还常常增加副戳，用于设置：邮件属性、公益宣传、纪念标志、企事业宣传广告等等，如图1.3.5。

[4] 毕达哥拉斯学派认为，一切数都应该可以用整数的比来表示，否则就不认为它是数。这就是人们最初对无理数的认识。

1.4 黄金分割

黄金分割　2007年10月26日澳门邮政发行了票名为《科学与科技——黄金比例》一套邮票，它包含一枚小型张（图1.4.1）、四枚邮票（图1.4.2，另3枚将在下一节介绍）和一枚纪念邮戳。如果点C将线段AB外分或内分为两部分AC和BC，使$AC^2 = AB \cdot BC$，这样的分割称为**黄金分割**。如果将上述等式改写成$\dfrac{AB}{AC} = \dfrac{AC}{CB}$，则称它为**黄金比例**（见图1.4.1的左上图），它是著名的尺规作图题（见图1.4.1的左下图与右边的上下两图）。设$AB = a$，当C外分线段AB时，易求得$AC = \dfrac{\sqrt{5}+1}{2}a$（负值不合），$\dfrac{\sqrt{5}+1}{2}$是一个无理数，常用$\Phi$表示（见图1.4.1中间的邮票，而此小型张背景图则列出数值Φ小数点后4374位数字），常用的近似值为1.618。如果C是内分线段AB时，则有$AC = \dfrac{\sqrt{5}-1}{2}a$（负值不合），无理数$\dfrac{\sqrt{5}-1}{2} = \dfrac{1}{\Phi}$常用的近似值是0.618，也称它为**黄金分割数**（或黄金数）。线段的这种分割从古希腊开始就被人们视作"贵比黄金"，这就是黄金分割名称的由来。

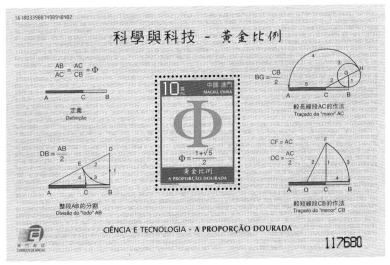

图1.4.1（中国澳门小型张[1]，2007）

黄金矩形　若一矩形的长边与短边之比等于Φ，则称它为黄金矩形。若在此矩形内去掉一个矩形的短边长的正方形后，余下的矩形还是一个黄金矩形。这种步骤可以持续做下去，就得到一系列套在一起的黄金矩形。

十边形与彭罗斯镶嵌　在顶角为36°的等腰三角形中，底边与腰的比等于$\frac{\sqrt{5}-1}{2}$，所以黄金分割是作圆内接正十边形的基础。而正五角星的顶角也是36°，所以构成正五角星的每一个角也具有同样特性。1974年英国数学家、物理学家彭罗斯（R.Penrose，1931−）设计出一种地砖图案，它只含有两种不同形状的具有黄金分割特性的四边形（图1.4.2），用这两种特殊四边形就能无缝隙地铺满整个地面（图1.4.2的中间部分）。

图1.4.2（中国澳门，2007）

黄金分割的应用　黄金分割除了上述提到的应用之外，还用于优选法中选优过程，称为**黄金分割法**。图1.4.3画面是华罗庚（1910−1985）先生正在介绍如何在优选法中应用黄金分割法选优。黄金分割还用于各种绘画、建筑设计等等。人们认为当这些艺术品中的比例符合黄金分割时，最和谐、最漂亮。例如，古埃及金字塔（图1.4.4）的高与底边的比近似于黄金分割数。当然黄金分割的应用还有很多，这里不再列举了。

华罗庚（1910−1985）江苏金坛人，当代著名数学家。

Hua Luogeng (1910−1985), born in Jin Tan, Jiangsu Province, well−known modern mathematician

设计者：邹建军

图1.4.3（中国极限片[2]，1988）

图1.4.4（埃及航空邮票，1978）

---

[1] **小型张**是相对于邮局全张而言的小型全张邮票。它的边纸上还常常印有与邮票主题相关的精美的延伸图案。其中邮票部分可以撕下作为邮资凭证使用，小型张也备受广大集邮爱好者的收藏和欣赏。

[2] **极限明信片**简称**极限片**。它由明信片、邮票和邮戳三大要素组成。要求明信片的图画、邮票图案和盖销邮票的邮戳，在主题上具有一致性，在内容与形式上构成相互照应和补充。

1.5　斐波纳契数列与植物学

13世纪意大利数学家斐波纳契在他所著的《算盘全集》中提出一个有趣的兔子问题。他说：有一对小兔，如果第二个月成年，第三个月开始每一个月都生下一对小兔（这里假定每个月所生下的一对小兔必为一雌一雄，且均无死亡），试问一年后有小兔几对？为此，我们不妨计算出每个月月底兔子对的数目，它们将依次是：

$$1，1，2，3，5，8，13，21，34，55，89，144。$$

也就是说12个月以后，兔子数目是144对（图1.5.1邮票罗列了2，3，4，5，6，7各个月底的兔子对数）。这些数目的规律是：设u_n为第n个月底兔子对的数目，于是有

$$u_1 = u_2 = 1，\quad u_{n+1} = u_{n-1} + u_n\,(n > 1)。$$

当n取遍自然数时，得到的数列$\{u_n\}$称为**斐波纳契数列**。数列中的数称为**斐波纳契数**。它从第3个斐波纳契数开始，每一个数都是其前面两个斐波纳契数的和。

由于

$$\lim_{n \to \infty} \frac{u_n}{u_{n+1}} = \frac{\sqrt{5} - 1}{2}，$$

所以斐波纳契数与黄金分割有着密切的联系。对此，还可以作如下几何解释：如果依次作边长为1，1，2，3，5，8，13（斐波纳契数）等等正方形，并按图1.5.2拼接成矩形（每个正方形内的数字是它的边长）。如果按照上述的办法继续用边长为斐波纳契数的正方形一直拼接下去，那么这些矩形将无限地趋近于黄金矩形（即矩形短边与长边之比等于黄金分割数）。再进一步，若对每一个正方形都以边长为半径，作一段内接圆弧，再按图1.5.2那样连接起来，就得到鹦鹉螺线。图1.5.3邮票画面就是鹦鹉螺的剖面图。

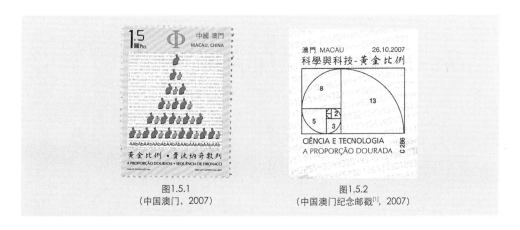

图1.5.1
（中国澳门，2007）

图1.5.2
（中国澳门纪念邮戳[1]，2007）

图1.5.3（中国澳门，2007）

图1.5.4（中国，1995）

图1.5.5（中国，2001）

斐波纳契数列并不是数学家们的臆造，已经发现在自然界中有许多现象符合斐波纳契数列的规律。特别在植物世界中，几乎所有的花卉的花瓣基数是斐波纳契数。如桂花（图1.5.4）是2基数的，兰花（图1.5.5）、鹤望兰（图1.5.6左上图）和嘉兰（图1.5.6左下图）都是3基数，梅花、凤凰木（图1.5.6右上图）和扶桑（图1.5.6右下图）等是5基数。再如，松树的针叶数只有：两针松（图1.5.7）、三针松（图1.5.8）以及五针松（图1.5.9），没有四针松。

图1.5.6（美国小本票[2]，1998）

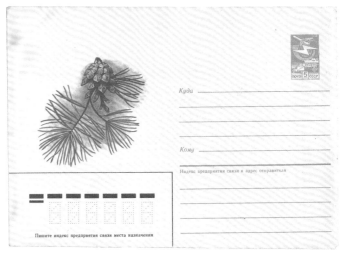

图1.5.7（苏联邮资封，1986）

图1.5.8（马拉维，1964）

图1.5.9（保加利亚，1992）

图1.5.10（中国澳门，2007）

再观察向日葵的花盘，它的种子排列成两组相嵌在一起的螺旋线，一组是顺时针方向，另一组是逆时针方向。再数数这些螺旋线的数目，对于不同品种的向日葵，如果顺时针方向螺旋线数目是21，那么逆时针螺旋线数目是34（图1.5.10）；如果顺时针螺旋线数目是34，那么逆时针螺旋线数目是55等等，这里每组数字都是斐波纳契数列中相邻的两个数。同样，菠萝（图1.5.11）上的鳞苞有8行向左斜，还有13行向右斜。这里8和13也是斐波纳契数列中相邻的两个数。

此外，在植物的叶子、枝条、果实、种子等形态特征上都可发现斐波纳契数的存在。现在还有一些人把斐波纳契数用于波浪理论的研究，以及对股市的震荡作出预测。

图1.5.11（加蓬欠资邮票，1962）

总之，斐波纳契数列的内涵和它的应用不仅仅是上述提到的这些，在许多领域里都有广泛的应用。在美国有一份《斐波纳契季刊》专门刊登斐波纳契数列新发现的应用和有关理论。由此可见斐波纳契数列被人们所关注的程度。

---

[1] **纪念邮戳**是为纪念某个事件而刻制的邮戳。在这邮戳中，除了日期地点外，还含有所纪念的相关信息。

[2] **小本票**是由数枚同一种邮票或者几套同一套邮票，连印在一起装订在小本册内的邮资票品。小本票上的邮票一般与原邮票的图案、面值、刷色相同，只是在裁切装订后往往有一边或者两边无齿孔。

二、数的功能

2.1 数字的记量功能

数字的最基本功能是记量。它的使用是从清点某一事物的个数开始，然后发展对这个事物轻重、大小等等定量方面的描述。原先，世界各地都有自己的度量标准，为了便于国际范围内的交流，1875年17个国家的代表在法国巴黎召开会议制定国际通用的计量制度，通称**公制**。随后世界各国都先后在推行公制，图2.1.1是韩国通过邮票来宣传公制，推行公制。公制是一完全创新的单位制度，又称米千克秒（MKS或mks）单位制，这里米用来确定距离，千克用来确定质量，秒用来确定时间长度。

图2.1.1（韩国，1964）　　　　图2.1.2（匈牙利，1976）　　　　图2.1.3（新加坡，1979）

1. 公制中**长度**的主单位是米（m）。标准米尺用铂铱合金制成断面为X形，在0℃时标准米尺上两端刻痕之间的距离为1米（图2.1.2）。常用的长度单位有：千米（公里，km）、分米（dm）、厘米（cm）、毫米（mm）等等。各国都在努力推广公制。图2.1.3表示10千米的路程。图2.1.4告诉人们测量长度应使用米尺，如果是5英尺11英寸换算成公制后约等于180厘米（cm）。

图2.1.4（澳大利亚，1973）　　图2.1.5（南斯拉夫，1974）　　图2.1.6（美国，1962）

为了适应各种需求，人们研制和生产各种计量长度的工具，如图2.1.5是以厘米为单位的尺。千分尺（图2.1.6）的精度可以达到0.01 mm。

这里顺便介绍一下体育比赛中马拉松的距离为什么是42.195 km（图2.1.7）。1908年，在伦敦举办第四届奥运会时，为了让英国王室成员观看马拉松比赛，大会组委会就将起点安排在温莎尔宫的草坪前，终点设在白城运动场，二者之间的距离为26英里，从白城运动场门口到王室成员包厢面前还有385码，所以全程是26英里385码，换算成公制后是42.195 km。

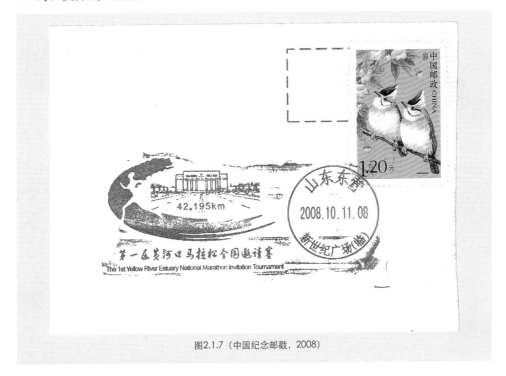

图2.1.7（中国纪念邮戳，2008）

2. 公制中**质量**的主单位是千克。根据规定标准千克的砝码是用铂铱合金制成的圆柱体（图2.1.8），它的高与直径均等于 39.17 mm，在纬度45°的海平面上的质量为1千克。重量是物体受万有引力作用后的度量，重量与质量不同，重量G与质量m的关系是$G = mg$（g为重力加速度，约等于9.8米/秒^2）。重量的单位是牛顿，质量1千克物体的重量为9.8牛顿，或称1千克重。图2.1.9是以克为单位的磅秤。图2.1.10中人的体重英制是15英石10磅换算成公制约等于100千克。

图2.1.8（匈牙利，1976）　　图2.1.9（新加坡，1979）　　图2.1.10（澳大利亚，1973）

3. 秒是用来确定**时间长度**的公制单位，1秒（s）定义为铯–133原子基态的两个超精细能级之间跃迁所对应的辐射9 192 631 770个周期所持续的时间。作为秒的扩充单位有：分（min）、时（h）、日、周、月、年等等，在图2.1.11的意大利邮资标签上打印的5个数据07.02.2003 08.32，表示寄信时间为：2003年2月7日8时32分。

图2.1.11（意大利电子邮资标签[1]，2003）

从这三个公制单位的延伸，还得到：

面积的国际标准单位是平方米（m^2），**体积**的公制单位是立方米（m^3），物体**容积**的公制单位是升（L）。图2.1.12告诉我们喝水（英制）7液体盎司（floz）约等于200毫升（1英制液体盎司=28.41毫升）。

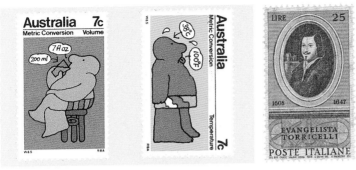

图2.1.12（澳大利亚，1973）　图2.1.13（澳大利亚，1974）　图2.1.14（意大利，1958）

温度，目前多数国家采用**摄氏度**，用符号"℃"表示。它是由瑞典天文学家摄尔修斯（A.Celsius，1701－1744）提出，后来经过其他科学家修正后的温度标准。也有的国家采用华氏温标，用符号"℉"表示。它是德国物理学家**华伦海特**（D. G.Fahrenheit，1686－1736）定义的。图2.1.13中人的体温为100℉，换算成摄氏度为37.777 78℃，或者简单说是38℃。

人们除了量体温，还量血压。**血压**的常用单位是"毫米汞柱"，就是毫米水银柱（mmHg），它是直接用水银柱高度的毫米数表示压强的单位。毫米汞柱来源于意大利物理学家、数学家**托里拆利**（E.Torricelli，1608－1647，图2.1.14是纪念托里拆利诞生350周年的邮票）的实验。人们的血压由血压计（图2.1.15）来测定（图2.1.16），正常成人收缩压为90～140毫米汞柱，舒张压为60～90毫米汞柱。

图2.1.15（墨西哥航空邮票，1978）

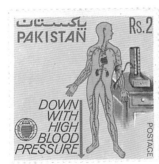

图2.1.16（巴基斯坦，1978）

现代气象更注重于数字预报，因此每时每刻都在测定和收集各种气象数据，如：温度、湿度、风向、风力（图2.1.17是纪念芬兰气象研究院成立150周年的邮票）、雨量、气压……等等。这里特别说一下气压，**气压**也就是作用在单位面积上的大气压力，国际单位制单位是帕（Pa），这是为纪念法国数学家、物理学家帕斯卡（B. Pascal，1623－1662，图2.1.18是纪念帕斯卡逝世300周年的邮票）而用他的名字来命名的。1648年，帕斯卡通过实验证明了大气压随高度增加而减小，还发现大气压与当时当地的气象有关，从而预言了可以用气压计来做气象预报。现在我们在气象预报时，常会听到说某某地区气压多少百帕。

图2.1.17（芬兰，1988）

图2.1.18（法国，1962）

读者在日常生活和工作中还接触到许多事物需要作定量的描述。比如，地球上某一个点，就用二维的数组——**经纬度**（单位是度、分、秒）来确定。如图2.1.19就指出在加勒比海中的巴布达岛地理位置在北纬17°35′，西经61°49′附近。同一海域中的多米尼克岛（图2.1.20）的地理位置在北纬15°30′西经61°15～30′附近。而在南太平洋的纽埃岛（图2.1.21）的位置在南纬19°西经169°50′。

图2.1.19（巴布达，1968）

图2.1.20（多米尼克，1974）

图2.1.21（纽埃，1950）

---

[1] **电子邮资标签**与现代电子邮资机戳相类似的一种邮资凭证。通常它还带有条形码，并要求在标签上限定的时间内使用。个别国家也允许在打印日以后使用。

2.2 数字用于表达货币面值和商品价格

　　人类最初是通过物物交换来互通有无的。后来有了货币，形成了商品交易市场，从而解决了人们对某些物品需求的途经。对于货币，开始是一种有一定价值的金属块。现在的**货币**有硬币（由铜镍合金或者铜锌合金等合金构成）和纸币两种。几乎所有货币都用数字表达它的面值，以表明它的价值尺度。每一个国家都发行自己的货币，图2.2.1是目前在欧洲一些国家统一使用的货币——欧元（图中有硬币和纸币及欧元符号€）。同时每一种商品或者服务也都有它的价值，这种价值常用数字来表示它的**价格**。如图2.2.2是德国商品广告邮资封，它标明面包、糖果的价格是9.95欧元（€）。

图2.2.1（德国邮资信封，2000）

图2.2.2（德国广告邮资信封[1]，2010）

图2.2.3是美国的小本票，它标明了出售的价格6.60美元（$）；几乎所有的邮资凭证都印有相应的面值。图2.2.4标明该日本小本票价格为100日元，在小本票的封底还罗列出日本邮政各项服务应付的邮资。

图2.2.3（美国小本票，1998）

第一種郵便物料金表

区別	重　量	普　通	速　達
定形	25グラムまで	20円	70 円 増
	50 〃	25円	
定形外	50 〃	40円	70 円 増
	100 〃	55円	
	150 〃	70円	
	200 〃	85円	
	300 〃	115円	100 円 増
	400 〃	145円	
	500 〃	175円	
	1 キロ 〃	250円	
	2 キロ 〃	700円	200 円 増
	3 キロ 〃	1,200円	
	4 キロ 〃	1,700円	

大蔵省印刷局製造

郵便切手

20円切手4枚
10円切手2枚
売価100円

郵　政　省

图2.2.4（日本小本票，1972）

_____

[1] **广告邮资信封**是指经企事业单位申请，由邮政主管部门核准，在邮资信封上印刷广告等有关内容。

2.3 数值的运算功能

数字不仅仅用于表达事物在数量方面的特征，还要能进行运算，而且要方便于运算。印度-阿拉伯数码就具有这个特点。数字的最基本运算是四则运算，即加减乘除。

四则运算的符号"＋"、"－"、"×"、"÷"（图2.3.1）起始于什么年代，现代普遍认为：**加减号**"＋"、"－"最早出现在1489年德国数学家维德曼（J.Widmann，1462-1498）的著作中。但正式作为运算符号得到大家认可是从1514年荷兰数学家赫克（V.Hoecke，16世纪）开始。**乘号**"×"是英国数学家奥特雷德（W.Oughtred，1575-1660）于1631年所创造，但莱布尼茨（G.W.Leibniz，1646-1716，图2.3.2）认为"×"容易与拉丁字母"X"相混淆，建议用"·"表示乘号，这样"·"也得到大家的认可（图2.3.3）。**除号**"÷"最早出现在瑞士人雷恩（J.H.Rahn，1622-1676）于1659年出版的一本代数书中。

图2.3.1
（哥伦比亚航空邮票，1968）

图2.3.2
（德国，1980）

图2.3.3（捷克，2011）　　图2.3.4（中国，1963）

四则运算是数学中最基本的运算法则。下面介绍几枚出现在邮票上的加减乘除运算式。图2.3.4-图2.3.7是小学生练习加法运算，其中图2.3.6是阿拉伯文的1+3=4。

图2.3.5（尼日利亚，1990）　　图2.3.6（沙特阿拉伯，1991）

图2.3.8是荷兰在1995年为注册会计师协会成立100周年而发行的邮票，它的创意是用减法式子来表达100这个数目。图2.3.9表现的是小学生进行加减法练习。图2.3.10是进行加减和乘法运算教学。

图2.3.7（荷兰附捐邮票[1]，1978）

图2.3.8（荷兰，1995）

图2.3.10（比利时，1951）

图2.3.9（中国邮资明信片，2008）

  图2.3.11这枚葡萄牙邮票上列出3个乘法式子。图2.3.12的邮资图中出现
$2×5=10$，这里5用张开的5个手指头来表示。图2.3.13是中国在20世纪50年代在全
张邮票上印有全张的枚数（每全张14行，每行7枚，所以全张共有$14×7=98$枚）。
近年来，美国邮票在边纸上也出现的乘法运算式子（图2.3.14），它指全张邮票由
20枚邮票组成，每枚面值$0.32，所以全张的总面值是$0.32×20=6.40$（美元）。图
2.3.15表现的是教师在进行除法教学。

图2.3.11（葡萄牙，2009）

图2.3.12
（德国纪念邮资信封，2004）

图2.3.13（中国，1952）

图2.3.14（美国，1998）

图2.3.15（中国邮资信卡[2]，2001）

　　最后，再说"乘法九九口诀"。在2002年6月于湖南龙山县里耶古城出土一批秦简，涉及从秦王政二十五年至秦二世元年(前222—前208)，共有3万7千多枚。简牍内容涉及秦代政治、军事、赋税、财政、文化、职官、算术、历法等等各个方面。这里介绍其中"乘法九九口诀"一枚（图2.3.16），它是目前世界上最早、最完整

25

的乘法口诀表实物。2018年中国邮政将它登上邮票。图2.3.17是它的局部放大图，虽然有些残缺但还看得清。前两行从右到左分别是：

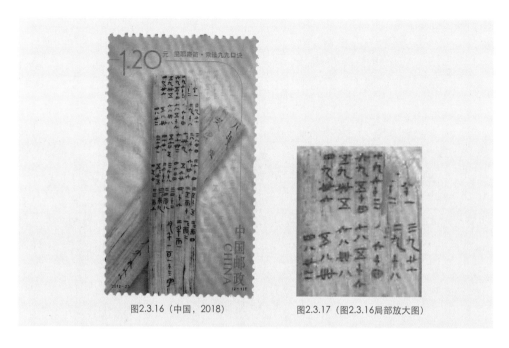

图2.3.16（中国，2018）　　　图2.3.17（图2.3.16局部放大图）

　　九九八十一，八九七十二，七九六十三，六九五十四，五九卌五，四九卅六；

　　三九廿七，二九十八，八八六十四，七八五十六，六八卌八，五八卌，四八卅二；

而此简的最后一行是：

　　二二而四，一二而二，二半而一，凡千一百一十三字。

其中"二半而一"是说两个1/2等于1。最后一句"凡千一百一十三字"是说乘法表中所有乘积之和等于1 113。特别要指出：里耶秦简的出土说明我们中华民族发明乘法口诀表比西方早了600多年，从而改写了世界数学发展的历史。同时它也印证了过去文献记载的"春秋战国时乘法和乘法口诀表已被普遍运用"的历史事实。

　　现在小学生乘法口诀是从"一一得一"开始到"九九八十一"为止。

[1] 附捐邮票也叫慈善邮票，它是一类为社会筹集资金的邮资票品。这类票品在票面上印有两个相加的数值，一般前者是邮资值，后者是附捐值。

[2] 邮资信卡简称信卡，它是邮政部门发行的、对折式不需套封的通信卡片。信卡折叠后的正面书写收、寄件人名址，信文写在信卡里面，邮寄时对折后，将三个边齿孔外的边纸粘住，使信文不致公开。收件人沿齿孔撕掉边纸即可阅读信件内容。

2.4 数值有序性的应用

任意两个实数 a 与 b，必有下面三者之一：

$$a = b, \quad a > b, \quad a < b。$$

这称为实数的**有序性**。在日常生活中，人们常常通过数值有序性了解物价的涨跌，或者利用它依次接受服务等等。

现在介绍实数有序性在体育竞赛中的应用。在正式的体育比赛中，每一个参赛者的成绩都以数值形式被记录下来，然后比较这些数值的大小以确定参赛者的胜负。比如，我国田径运动员刘翔（1983–）在2004年8月27日雅典奥运会男子110米栏决赛上，以12.91秒的成绩平了11年前英国选手杰克逊（C.R.Jackson，1967–）创造的世界纪录。又在2006年7月12日瑞士洛桑田径超级大奖赛上以12.88秒的成绩打破了杰克逊创造的12.91秒的世界纪录。这就是说，2004年时刘翔成绩与杰克逊成绩相等，2006年时刘翔成绩小于杰克逊成绩，即 $12.88 < 12.91$。所以刘翔破了记录，获得冠军。这是比数值小，以小者获胜。但也有数值大者获胜。比如我国射击运动员许海峰（1957–）在1984年美国洛杉矶第23届奥运会上以566环的成绩获得男子自选手枪慢射冠军（图2.4.1）。这是因为其他参赛者成绩的数值都小于566。在这项运动中，成绩的数值中最大者获得第一名。

图2.4.1（中国邮资明信片，1984）

图2.4.2（美国，1998）

图2.4.3（美国邮资信封，1980）

图2.4.2上的画面是美国20世纪30年代田径运动员欧文斯（J.C.Owens，1913–1980），他在1936年第11届奥运会上获得四枚金牌。他的成绩是：100米跑成绩10.3秒，200米跑成绩20.7秒，跳远成绩8.06米，4×100接力跑成绩39.8秒。这里赛跑成绩以最小者获胜，而跳远成绩则以最大者获胜。

图2.4.3是美国邮资信封，在信封的左边列出1982年足球世界杯北美地区预选赛美国胜负状况：

1980年10月25日 美国对加拿大成绩是 0：0　0=0　不分胜负

1980年11月1日　加拿大对美国成绩是 2：1　2>1　加拿大胜

1980年11月9日　墨西哥对美国成绩是 5：1　5>1　墨西哥胜

1980年11月23日 美国对墨西哥成绩是 2：1　2>1　美国胜

从上述可以看到，在体育比赛中，用数值记录参赛者的成绩，然后按实数数值的有序性排列每一位参赛者的名次。

2.5 数字的代码功能

虽然印度-阿拉伯数码只有10个不同的字符，但利用它们的不同排列（在排列中可以重复出现）可以得到无限多个不同的数值。如果说，每一个数值代表一个对象，那么利用数值就能有区别地代表无限多个对象。现在举几个例子来说。

1. **汉字的数字代码** 我们过去打汉字电报，邮电局工作人员按照事先约定的规则，把每一个汉字用4个数字来代表，称为**电报码**。把这些电报码发送到接收的邮电局，再由当地邮电局翻译回原来的汉字（图2.5.1）。即使是现在电脑中汉字的输入或者输出（图2.5.2），也都要转换成数码来进行。只不过现在这些转换工作由配置在电脑内的软件来完成而已（早期的电子计算机需要操作者自己把汉字翻译成一组组数码后再输入）。

图2.5.1（中国电报纸，1932）

图2.5.2
（匈牙利邮资明信片，1988）

2. **邮政编码**　许多国家都在推行邮政编码。他们把国家分成若干个互不相交的区域，每一个区域用一组数码来代表，称为邮政编码。这个做法方便邮件的管理与分拣，提高邮件分拣速度。图2.5.3和图2.5.4分别是匈牙利和奥地利两个国家在地图上划出邮政编码的区域。

图2.5.3（匈牙利，1973）　　　　　　　　　　　图2.5.4（奥地利，1966）

3. **电话号码**　不管是固定电话还是移动电话，每一门电话都有一组与众不同的数码作为它的代码，即电话号码。只有正确输入一组数码后，才能接通，并与对方通话。图2.5.5上的数码是德国青年热线联盟的电话号码。图2.5.6信封上的宣传戳部分是法国巴黎、里昂和马赛地区的求助电话号码。

图2.5.5（德国，2001）　　　　　　　　　　　图2.5.6（法国邮戳，1967）

当然，数字作为代码使用不仅仅只是上面说的几个方面，还有很多很多。比如，每一个成年人都有一个唯一的，与其他人不同的**身份证号码**，它在中国是一组18位数字的编码。每一位参加体育比赛的运动员都有一个由比赛组织方给他确认的号码，作为他本人的代号（图2.5.7）。每一个学生都有一组与其他人不同的数字作为他的**学号**。还有，在超市里，每一件商品都有一个数字代号，当营业员向计算机输入这个代号后，计算机就会显示这个商品的品名和价格。读者还可以寻找自己身边的这类例子。我们不难发现，所有的图像、音像都可以用数码来描述，这就是今天我们社会进入数码时代的基础。

图2.5.7（法国，2003）

2.6 条形码

我们大家都去过超市购物，在那里每一件商品上都贴有标签，标签上除了注明商品的名称、数量、价格以外，还印有一组条形码。这条形码实际上是一组数字，这组数字就是这件商品的代码。最后在收银台结账时，收银员用收银计算机上的探头对准条形码扫描一下，在显示屏上就出现了你所购买商品的名称和价格，扫描完你所购买的所有商品后，收银计算机就会自动计算出你应该付多少钱。整个结算过程简单快捷。这种利用条形码的方法在其他领域也被广泛使用。如在邮政部门，它的各项业务也都设定一组数字代码，并把数字代码转换成条形码。图2.6.1上条形码表示，这是由浙江天台邮局寄出的快件，图2.6.2上条形码表示，这是由北京寄出的挂号邮件。有了计算机和条形码，各项邮政业务（如：邮件信息存档、统计、邮件查询、邮件分拣等等）就更加科学，更加便捷了。

图2.6.1（中国，1995）

图2.6.2（中国，2002）

在有些国家（地区），邮政部门发行的邮品也都印有条形码。图2.6.3在全张邮票边纸上印有条形码；图2.6.4是小本票封面上印有条形码；图2.6.5和图2.6.6是出现在电子邮资标签上的条形码。这些都方便邮品的销售、结账、存档等业务。

图2.6.3（匈牙利，2006）

图2.6.4（美国小本票，1998）

图2.6.5（中国香港电子邮资标签，2010）

图2.6.6（葡萄牙电子邮资标签，2004）

在欧美一些发达国家，当邮局收到寄信者邮件时，都在邮件某一固定位置上打印条形码（图2.6.7下端），这有利于用计算机来分拣邮件。图2.6.8是法国纪念应用计算机进行邮件中央处理十周年邮戳。

图2.6.7（美国明信片，2001年实寄）

图2.6.8（法国纪念邮戳，2001）

　　科学在进步，在条形码的基础上，又出现了**二维码**，它应用小方块上的图案来存储更多的数据信息。二维码在欧美一些国家已经广泛应用于各项邮政业务，如电子邮票（图2.6.9）、电子邮资标签（图2.6.10）等等。2007年以来，中国邮政二维码的应用已在不同品牌的邮资机上进行试验（图2.6.11，图2.6.12）。

图2.6.9（美国电子邮票[1]，2004）

图2.6.10（德国电子邮资标签，2007）

图2.6.11（中国试机戳，2007）

图2.6.12（中国试机戳，2007）

---

[1] **电子邮票**是为适应邮政自动化需要而产生的一种邮资预付凭证。它根据用户的邮件需要，由电脑控制的自动售票机在预先印好图案、铭记的盘卷式（空值）邮票纸上打印面值后，切割成单枚邮票"吐出"出售。

三、几何与图形

3.1　圆与圆周率

中国古代科学家在数学方面有很多贡献，特别在圆与圆周率方面的研究曾长期处于世界领先地位。

东汉时期科学家张衡（78－139，图3.1.1）在天文测量中，得出圆周率π的两个近似值3.146 6和3.162 3，这比印度和阿拉伯人早了500年。

魏晋时期数学家刘徽（约225－295，图3.1.2，图3.1.3）在《九章算术·圆田术》注中，用割圆术证明了圆面积的公式（圆面积等于半周长乘半径），并给出了计算圆周率的科学方法。他先从圆内接正六边形开始计算面积（图3.1.4的中上部）。每次边数成倍增加，计算到正192边形面积时，得到 $\pi = \dfrac{157}{50} = 3.14$。又算到正3072边形的面积时，得到 $\pi = \dfrac{3927}{1250} = 3.1416$，通称它为"徽率"。刘徽在割圆术中提出了"割之弥细，所失弥少，割之又割以至于不可割，则与圆合体而无所失矣"，这种计算思想与当今的极限概念相一致。

图3.1.1（中国，1955）

图3.1.2（中国，2002）

图3.1.3（中国纪念邮戳，2002）

图3.1.4（中国邮资明信片，2000）

南北朝时期数学家祖冲之（429—500，图3.1.5）则计算出 π 在3.141 592 6和3.141 592 7之间，并给出 π 的两个分数近似值：约率 $\frac{22}{7}$ 和密率 $\frac{355}{113}$，这比欧洲人早了一千年。

在圆与圆周率的应用方面，中国古代也处于领先地位。如在甘肃出土的3000年前的马家彩陶——四系罐（图3.1.6），其造型是一个旋转体，罐上彩绘有同心圆形、波浪形等图案。在图3.1.7中的秦铜车马上看到当时的圆形器件——车轮、伞等都制作得非常精细。再如晋朝（公元3世纪）的记里鼓车（图3.1.8）是从西汉时期记道车（计算道路里程的车）发展而来。它每走一里路打一下鼓，故名"记里鼓车"。它的原理正是利用圆周长来丈量所走过的路程。

图3.1.5（中国小型张，1956）

图3.1.6（中国，1990）

图3.1.7（中国小型张，1990）

图3.1.8（中国，1953）

3.2 勾股定理

在中学数学课程中有一个著名的定理——

勾股定理：任意直角三角形其两条直角边长的平方和等于其斜边长的平方。

或者说是：以直角三角形的各边长作正方形，则两个直角边上正方形面积之和等于斜边上正方形的面积（图3.2.1，希腊纪念毕达哥拉斯邮票中的一枚）。

这个定理最简单的情形是 $3^2 + 4^2 = 5^2$。若以a和b分别表示两直角边的长，c表示斜边的长，则定理的一般结论是：$a^2 + b^2 = c^2$（图3.2.2）。回顾数学发展的历史，勾股定理的发现与证明已经有四千多年历史了，几乎所有的文明古国（中国、希腊、埃及、印度……等）都有关于它的记载，是谁最先发现的，已无从考证。

图3.2.1（希腊，1955）

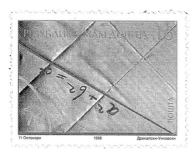

图3.2.2（马其顿，1998）

在西方国家说是古希腊哲学家、数学家毕达哥拉斯（Pythagoras，约前580–约前500，图3.2.3，图3.2.4），大约在公元前550年发现的。但毕达哥拉斯对勾股定理的证明已经失传。著名的古希腊数学家欧几里得（Euclid，约前330–约前275，图3.2.5）在《几何原本》中给出了一个证明，并称它为毕达哥拉斯定理。图3.2.6和图3.2.7是拉斐尔（S.Raphael，1483–1520）[1]的画作《雅典学院》的局部（梵蒂冈壁画），其中左边第一人画的是毕达哥拉斯。

中国古代对勾股定理的发现和应用，远比毕达哥拉斯早得多。在《周髀算经》（公元前100年）中讲述商高（前11世纪）与周公[2]对话中，就提到勾三股四弦五。这段对话是在公元前1100年左右的西周时期。这比毕达哥拉斯要早了五百多年。以后在《九章算术》（约在公元50至100年间）一书中也有勾股定理的一般性叙述。根据现有资料，我国最早对勾股定理的证明是三国时期的吴国数学家赵爽（3世纪）。他创制了一幅"弦图"，用形数结合的方法给出勾股定理证明。图3.2.8中的邮资图便是赵爽弦图，左边图中的《勾股圆方图》是《周髀算经》中的一部分，赵爽就是在《勾股圆方图》的注释里给出了勾股定理的证明。这在现行中学数学教材里已有介绍。

图3.2.3（希腊，1955）

图3.2.4（圣马力诺，1983）

图3.2.5（马尔代夫，1988）

图3.2.6（梵蒂冈，1986）

图3.2.7（萨拉里昂，1983）

图3.2.8（中国邮资明信片，2002）

图3.2.9（塞浦路斯，1981）

图3.2.10（美国，1986）

在世界上，关于勾股定理的证明已有三五百种。其中有著名数学家，也有一般的数学爱好者，还有一些著名人物。如意大利著名画家达·芬奇（L.da Vinci，1452–1519，图3.2.9为达·芬奇自画像），美国第20任总统加菲尔德（J.A.Garfield，1831–1881，图3.2.10）等都对勾股定理给出过证明。加菲尔德的证明发表在1876年《新英格兰教育日志》上。目前在上海现行的八年级数学教材上把它作为练习题。

[1] 拉斐尔是欧洲文艺复兴时代的意大利杰出画家。他的代表作之一是为梵蒂冈绘制的油画《雅典学院》。这幅巨型壁画把古希腊以来的50多位著名的哲学家和思想家聚于一堂，其中包括柏拉图、亚里士多德、苏格拉底、毕达哥拉斯、欧几里得等等，以此歌颂人类对智慧和真理的追求，赞美人类的创造力。

[2] 商高是西周初期数学家，周公旦系周文王之子，姓姬，名旦，爵位为公，因封地在周，故称为周公。《周髀算经》中记载了周公与商高一次涉及勾股定理的对话。

3.3 欧几里得几何

欧几里得是古希腊数学家，生卒时间大约在公元前330年至公元前275年。图3.3.1和图3.3.2是拉斐尔作品《雅典学院》的局部，画面中欧几里得正俯身用圆规在画板上作图，为学生讲解几何。欧几里得收集了公元前7世纪以来古希腊在几何方面的成果，按严密的逻辑系统加以整理，编写出一本名为《**几何原本**》（Elements）的书，共13卷。欧几里得在该书中使用了公理化的方法。公理（axioms）就是确定的、不需要证明的基本命题，一切定理都可由此演绎而出。在演绎推理中，每个证明必须以公理为前提，或以被证明了的定理为前提。这种公理化演绎的结构方法，对数学和其他自然科学起了典范的作用。比如牛顿（I. Newton，1643–1727）的《自然哲学的数学原理》一书（图3.3.3是该书出版300周年时发行的纪念邮票）就是按照类似于《几何原本》的形式书写而成。两千多年来，《几何原本》是世界上最成功的几何学教科书。从1482年出现活字版印刷以来，《几何原本》已印刷了一千版以上。而在此之前，它的手抄本也有近一千八百年的历史。可以说，我们今天中学数学中的几何部分仍然属于《几何原本》的范畴。由此可见，欧几里得几何的影响是多么地深远。

图3.3.1（梵蒂冈，1986）

图3.3.2（萨拉里昂，1983）

图3.3.3（英国，1987）

在介绍几何学成就时，我们还要提到古希腊另一位伟大的数学家阿基米德（Archimedes，约前287-前212，图3.3.4，图3.3.5）。他跟随欧几里得的学生学习科学，在几何学方面也有许多重大的贡献。图3.3.6画面介绍阿基米德和他的螺旋线。此外在19世纪末，德国数学家希尔伯特（D.Hilbert，1862-1943，图3.3.7）在《几何基础》一书中建立了完整的欧几里得几何公理体系。

图3.3.4（西班牙，1963）

图3.3.5（希腊，1983）

1607年，中国明代科学家徐光启（1562-1633，图3.3.8，图3.3.9是纪念徐光启诞生450周年邮资机戳）和意大利传教士利玛窦（Matteo Ricci，1552-1610，图3.3.10是纪念利玛窦的邮票）合译了《几何原本》前六卷，在北京出版。后九卷是1857年由清代数学家李善兰（1811-1882）[1]和英国传教士伟烈亚力（A.Wylie，1815-1887）合译出版。

图3.3.6（意大利，1983）

图3.3.7（刚果，2001）

图3.3.8（中国，1980）

图3.3.9（中国邮资机戳，2012）

图3.3.10（意大利，2002）

---

[1] 李善兰原名李心兰，浙江海宁人。他是中国近代著名的数学家、天文学家、力学家和植物学家。他在数学方面的贡献颇多，如级数求和的各种恒等式、初等函数的幂级数展开等等。

3.4　几何教学

不管古今中外，教学所包含的内容主要有：以教师为主导的课堂教学，学生的课外复习，教材和教学方法。几何教学当然也不例外。

图3.4.1是15世纪意大利数学家帕乔利（L.Pacioli，1445－1517）在上几何课。他的著作《算术、几何比和比例集成》是汇集当时所有数学知识的教科书。

图3.4.2是阿根廷为1974年召开的"师范学校师资培养讨论会"而刻制的纪念邮戳，表现的是教师正在讲解有关角的概念。

图3.4.3展现的是老挝一位残疾教师正为学生上几何课。

图3.4.1（意大利，1994）

图3.4.2（阿根廷纪念邮戳，1974）

图3.4.3（老挝，1981）

除了教师讲解，师生之间的讨论也是帮助学生进一步掌握知识的重要手段。图3.4.4和图3.4.5分别表现师生正在讨论三角和几何问题。

远程教育是20世纪50年代后掀起的新的教学形式，它有电视教学、函授教学、网络教学等等。图3.4.6是电视教学中的几何课。

图3.4.4（苏联，1961）

图3.4.6（马尔代夫，1970）

图3.4.5（几内亚比绍，1979）

3.5 邮票上的几何图形

现代的邮票往往是各国各地区的邮票设计家用来展现其艺术魅力的园地。有时也为了某种目的而以简单的几何图形作为邮票的主图，同样在邮戳的宣传部分中也有类似的情况出现。下面举例介绍几枚出现在邮品上的各种几何图形。

1．平面几何和立体几何的图形

图3.5.1是直角三角形（本邮票是为1972年第20届慕尼黑奥运会而发行，寓意比赛项目：帆船）。图3.5.2是圆及圆的局部图形。图3.5.3、图3.5.4和图3.5.5上的邮戳分别是正方形、长方体和正方体的图形。

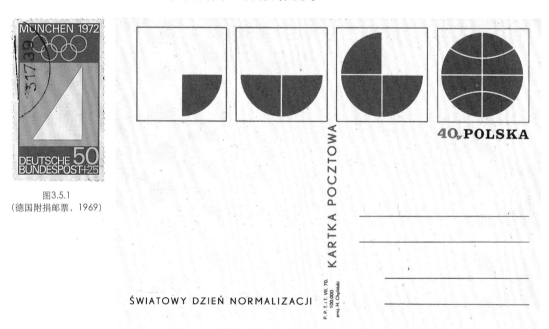

图3.5.1
（德国附捐邮票，1969）

图3.5.2（波兰明信片，1970）

图3.5.3（德国邮戳，1990）   图3.5.4（德国邮戳，1997）

Tél. 02 51 935 935
Fax. 02 51 935 930
Contact@fairson.com

7 Rue des Jardins
85300 CHALLANS

CHALLANS CDIS
VENDEE

07-03-03
1570 00 001556
9B9525 850280

€ R.F.
LA POSTE

00046

VK 404152

图3.5.5（法国邮资机戳，2003）

图3.5.6、图3.5.7和图3.5.8分别是锥体、多面体和圆锥与长方体等等的图形。

图3.5.6（加拿大，1972）

图3.5.7（德国柏林，1973）

图3.5.8（波兰明信片，1989）

45

2．牟比乌斯带

牟比乌斯带是德国数学家、天文学家牟比乌斯（A.F.Möbius，1790–1868）设计的一种单侧曲面，见图3.5.9、图3.5.10。这个曲面的特点是尽管每一小段都有正反两面，然而从整体上看却只有一个面，即从曲面上一点出发不经过边界，可以走到这一点的反面。读者不妨自己试一试。

图3.5.9（巴西，1967）

图3.5.10
（日本邮资明信片上的邮资图，1992）

3．光的折射路线

伊本·海赛姆（Ibn–al–Haytham，965–1039）是阿拉伯光学家和几何学家。他认为光是由太阳或其他发光体发射出来的，然后通过被看见的物体反射入人眼。他推出光线的反射和折射定律。图3.5.11是巴基斯坦为纪念伊本·海赛姆光学研究千年而发行的邮票。邮票说明从光源经过球面镜子的反射和折射后光线的几何图像。

图3.5.11（巴基斯坦，1969）

4．在自然界中看到的几何图形

我们平常所看到的几何学上的图形，大多是从现实世界中的物体或其运动轨迹，通过归纳抽象而得来。比如人们从太阳、月亮的形状而认识圆。图3.5.12及其边纸告诉我们贝壳上的纹路与椭圆的一致性。螺旋线顾名思义来自于螺壳上的纹路（图3.5.13）。图3.5.14是太空中星球运行轨道，这里有抛物线、圆和椭圆等等。

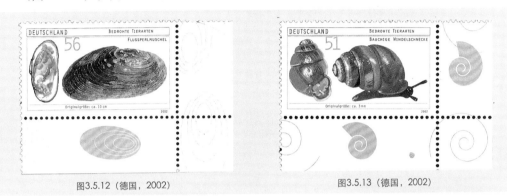

图3.5.12（德国，2002）　　　　　图3.5.13（德国，2002）

图3.5.14（斯里兰卡，1986）

5．不可能图形

我们也看到一种人们臆造出来的图形，称为悖论图，或者叫做**不可能图形**。这种图形只能画在纸上，而实际上是做不出来的。图3.5.15至图3.5.20只是其中几个例子。这里特别指出图3.5.15是为在因斯布鲁克召开的第10届国际奥地利数学家大会而发行的邮票，这个不可能图形是荷兰著名艺术家埃舍尔（M. C.Escher，1898–1972）所创作。图3.5.16是为以色列技术学院成立50周年而发行。

图3.5.15（奥地利，1981）

图3.5.16（以色列，1973）

图3.5.17（丹麦，1969）

图3.5.18（瑞典，1982）

图3.5.19（瑞典，1982）

图3.5.20（瑞典，1982）

6. 应用电子计算机绘制的图形

电子计算机的出现为人们的科学研究和社会生活带来许多质的变化。计算机不仅能绘制平面图形，对三维图形也能充分表现出它的立体感。这方面的邮票很多，下面图3.5.21到图3.5.25是其中几个例子。其中图3.5.21是南斯拉夫为南共联盟14大而发行的邮票。图3.5.22是法国为园艺协会成立160周年而发行的邮票。图3.5.23展现的是美国在20世纪末出现的计算机艺术图像。图3.5.24是匈牙利由电脑制作的动画人物。图3.5.25的邮资图是联合国的一个标志——飞翔的翅膀。

图3.5.21（南斯拉夫，1990）

图3.5.22（法国，1977）

图3.5.23（美国，2000） 图3.5.24（匈牙利，1988）

THIS SIDE OF CARD FOR ADDRESS

图3.5.25（联合国邮资明信片，1972）

3.6 几何图形邮票

　　绝大部分邮票的形状都是长方形的，而且票幅长宽之比接近于黄金分割比例。因为这种长方形最符合人们视觉上的美感。但也有一些邮票设计者为了题材的需要或者为了引起人们的注意，采用非长方形形状的邮票。这种非长方形的邮票在集邮界被称为异型邮票，并已成为一些集邮爱好者关注的对象。在这些异型邮票中，大多数是呈规则的几何形状，这当然也是为了便于印制和使用。图3.6.1至图3.6.14是各种几何图形邮票的例子。

正方形

图3.6.1 (新西兰, 1993)

正三角形

图3.6.2 (摩纳哥, 1951)

等腰直角三角形

图3.6.3 (苏联, 1981)

梯形

图3.6.4 (马来西亚, 1967)

梯形

图3.6.5 (马耳他, 1967)

菱形

图3.6.6 (马来西亚, 1963)

平行四边形

图3.6.7（巴基斯坦，1976）

正五边形

图3.6.8（美国，2000）

五边形

图3.6.9（马耳他，1968）

正六边形

图3.6.10（法国，2003）

八边形

图3.6.11（汤加，1975）

圆

图3.6.12（法国，1998）

半圆 椭圆

图3.6.13（日本，2000）　　　图3.6.14（法国，1999）

此外，还有心形邮票（图3.6.15），以及各种非几何图形的邮票，如汤加发行过香蕉形邮票，塞拉利昂发行过该国地图形邮票，日本发行过动植物形邮票等等。

图3.6.15（法国，2000）

四、几何学的应用与发展

4.1 实用几何

1. 从金字塔说起

在几何学还没有形成系统的学科之前，人们已经能应用几何的一些原理去解决实际问题。如我们在前面一章说到的，在两三千年以前的中国人已经会应用圆和圆周率于陶罐、车辆等设计和制作中。同样在其他文明古国中也有类似的事迹出现。

如建造于公元前 2600 年的埃及胡夫金字塔（图 4.1.1，图 4.1.2），经现代人的测量：它的底座是边长 $a = 230$ 米（因外层石灰石脱落，现在底边减短为 227 米）的正方形，四个三角形斜面正对着东南西北四个方向（误差不超过圆弧的 3′），塔高 $h = 146.5$ 米（因为顶端剥落，现在高为 136.5 米），金字塔底角不是 60°，而是 51°52′。在测绘中，还发现，金字塔在线条、角度等方面的误差几乎等于零，即在 350 英尺（106.68 m）的长度中，偏差不到 0.25 英寸（0.635 cm）。人们还进一步发现塔座的周长除以高的 2 倍等于圆周率，即

$$\frac{4a}{2h} = \frac{230 \times 4}{146.5 \times 2} \approx 3.14 \, ,$$

而每个斜面三角形面积几乎等于塔高的平方，等等。在四千多年前能精确地设计与建造如此巨大的四棱锥体，他们所具有几何和测量方面的知识都使我们感到惊叹。

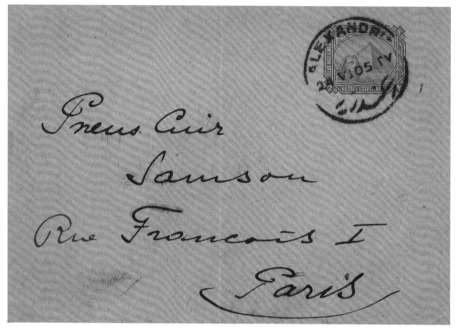

图4.1.1（埃及邮资信封，1888，实寄时间1905）

再说位于墨西哥的古代玛雅人的金字塔（图4.1.3是位于墨西哥的库库尔坎金字塔），建造于公元前500年。金字塔的底座呈正方形，它的阶梯朝着正北、正南、正东和正西，塔高约30米，四周各有91层台阶，加起来一共364级台阶，再加上塔顶的羽蛇神庙，共有365阶，象征了一年中的365天。塔的四面，也都是呈"金"字形的等边三角形，底边与塔高之比，约等于圆周与半径之比。对此，我们不得不认为玛雅金字塔在建造之前，经过了精心的几何设计。

图4.1.2（埃及航空邮票，1959）

图4.1.3（美国电子邮票，2004）

2．地砖铺设

用地砖铺设地面通常要求铺设中没有缝隙，也不能有重叠。如果地砖形状只是限于正多边形，那么必须要求正多边形在其交接点 A 处各个角之和应等于 $360°$。因为正方形（图4.1.4）在交接点 A 处各个角之和是 $90°×4=360°$，所以用正方形瓷砖可以铺满整个地面。图4.1.5可以看作用正方形铺设的例子（本邮票是为埃及艺术教育学院成立50周年而发行）。由于正六边形（图4.1.6）在交接点处各个角之和是 $120°×3=360°$，所以正六边形地砖可以铺满整个地面，蜂巢（图4.1.7）就是一个实际的例子。用6个正三角形拼在一起是正六边形（图4.1.8），所以正三角形地砖也满足要求。除了上述3种之外，用其他同一种正多边形地砖铺设地面，都是不可能的。如果允许用几种正多边形混合铺设，那么还有7种可能。图4.1.9左侧画面就是其中一个例子，它的每一个交接点都由1个正方形和2个正八边形混合相接来铺设（ $90°+135°×2=360°$ ）。

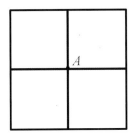

图4.1.4（4个正方形拼接）

图4.1.5（埃及，1988）

图4.1.6
（南斯拉夫印花税票[1]，1968）

图4.1.7（列支敦士登邮资明信片，1996）

图4.1.8
（6个正三角形拼接）

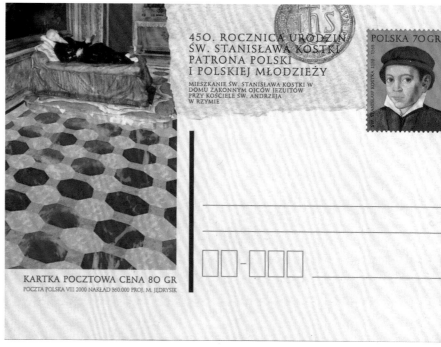

图4.1.9（波兰邮资明信片，2000）

3. 体育场上的几何图形

　　所有正式的体育比赛都必须在划定的区域内进行。这些划定区域是由相关国际体育组织明文规定。它基本上是由简单的几何图形（如矩形、圆弧等等）所构成。

　　如足球场（图4.1.10），它规定的国际比赛场地是长105米，宽68米的矩形区域，大禁区（罚球区）长40.32米，宽16.5米，小禁区（球门区）长18.32米，宽5.5米，等等。而网球场（图4.1.11）的场地是36.57×18.29（m）的长方形，其中比赛场地为23.77×10.97（m）的长方形。至于垒球场（图4.1.12）则是边长68.58m的直角扇形区域。

图4.1.10（意大利，1973）

图4.1.11（法国，1978）

对于女子体操中的项目——平衡木（图4.1.13）来说，它的要求是在离开地面 1.2 m，长 5 m，宽 10 cm 的长方形木条上作舞蹈表演。射击场上的靶则是一组同心圆（图4.1.14）。

图4.1.12（尼加拉瓜，1949）

图4.1.13（圣马力诺，1964）

图4.1.14（苏联邮资信封，1979）

4. 徽志上的几何图形

有些商品的商标，或者某个组织的会徽，甚至一些国家的国徽、国旗，也常采用只要用圆规直尺就能画出来的几何图形作为标志。下面只介绍以圆环为标识的例子。从图4.1.15和图4.1.16上看到3个相交的等圆，它是作为地区运动会的标志，图4.1.15是古巴为第9届中美洲与加勒比地区运动会而发行的邮票，图4.1.16是埃及为非洲运动会而设计的邮资机戳。图4.1.17中4个相交的等圆那是奥迪汽车的商标。图4.1.18和图4.1.19中5个相交的等圆大家都知道那是奥林匹克的标志。

图4.1.15（古巴，1962）

图4.1.16（埃及邮资机戳，1957）

图4.1.17（德国邮资机戳，2003）

图4.1.18 (海地, 1960)

[1] **印花税票**是专门用于征收印花税款的凭证。它由国家税务总局统一印制, 并有固定的面值。某些国家 (地区) 早期邮票和税票可以混用。因此, 在1911年国际集邮联合会决定税票可以作为一个类别正式参加集邮展览。

图4.1.19 (奥地利纪念邮戳, 1964)

4.2　绘画与几何

　　绘画是在二维平面上展现三维空间中的实体。为此, 许多画家也研究数学,特别是几何学。在绘画中把几何透视运用到绘画艺术表现之中, 以表现物体的立体感, 这是科学与艺术相结合的技法。

　　图4.2.1展现的就是几何方法在人像绘画中的应用, 它是法国为1982年在巴黎举办的集邮展览而发行的邮票。

图4.2.1 (法国, 1981)

意大利著名画家达·芬奇不仅创作了《蒙娜丽莎》（图4.2.2）等名画，也是一位工程师和数学家。他在《画论》一书中说到："**不懂数学的人，不要读我的书。**"他按照维特鲁威定律绘制了素描画《维特鲁威人》（图4.2.2的下半部，图4.2.3左边，这里图4.2.3是法国为1998年足球世界杯而刻制的邮戳）。达·芬奇在素描画的上面和下面都有手写的小字，画中描绘了一个男子，他摆出两个明显不同的姿势，这些姿势与画中两句话相对应。第一个是双脚并拢，双臂水平伸直，这是说："人伸开的手臂的宽度等于他的身体高。"另一个叠交在他身后的姿势是：双腿跨开，胳膊举高了一些。这表达了更为专业的维特鲁威定律：如果你双腿跨开，会使你的高度减少十四分之一。若双臂伸出并抬高，直到你的中指的指尖与你头部最高处处于同一水平线上，你会发现你伸展开的四肢的中心就是你的肚脐，双腿之间会形成一个等边三角

图4.2.2（保加利亚小型张，1980）

形。这里画中摆出这个姿势的男子被置于一个正方形中，正方形的每一条边等于24掌长。在大圆圈里，肚脐就是圆心。这幅素描中所画的男子形象被世界公认为是最完美的人体黄金比例图。

图4.2.3（法国邮资机戳，1998）

4.3 测量与几何

在古埃及时代，尼罗河时常泛滥，需要对耕地重新测量，从而提出许多问题，对这些问题的讨论与解决，产生了一些几何的概念和方法。这些概念与方法为以后诞生的几何学提供了实际的背景。

在公元前5世纪，人们就会应用标杆和相似三角形的原理测量出埃及金字塔（图4.3.1）的高度。

德国数学家高斯（J.C.F.Gauss，1777–1855，图4.3.2是纪念高斯逝世100年邮票）在1818年至1826年之间主持了汉诺威公国的大地测量工作。图4.3.3是德国纸币，纸币正面印有高斯肖像，纸币反面左侧印有他发明的且应用于大地测量的镜式六分仪，纸币反面右侧印有高斯设计的使用于汉诺威大地测量的三角网。

图4.3.1（埃及，1906）

图4.3.2（德国，1955）

图4.3.3-1（德国纸币正面，1993）

图4.3.3-2（德国纸币反面，1993）

现代的测量仪器已经从过去的标杆、读数（图4.3.4，图4.3.5），发展到具有数字化功能的电子测量仪（图4.3.6），它能把测量的数据发送到电脑，并计算出结果和绘制出图像。

图4.3.4（斯里兰卡，2000）

图4.3.5（苏联邮资明信片，1982）

图4.3.6（泰国，1991）

4.4　画法几何

　　画法几何是研究在平面上用图形表示空间形体的一门学科，它应用投影的方法表现形体的各种侧面和剖面。投影法是从光线照射空间形体在平面上获得阴影这一物理现象而来的。画法几何的基础是数学中的几何学，它是机械和建筑等专业工科学生的基础必修课。图4.4.1是工程技术人员在为机械的零部件画**俯视图**，图4.4.2是建筑物的三维效果图与其**剖面图**。过去工程技术人员都是在画图板上人工操作（图4.4.3，图4.4.4），现在已经有了绘图软件，可以在电子计算机上完成计算和绘图工作（图4.4.5）。

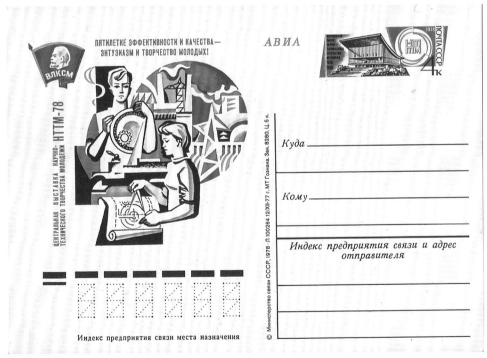

图4.4.1（苏联邮资明信片，1978）

画法几何的创始人是法国数学家蒙日（G.Monge，1746－1818，图4.4.6）。同时，他也是射影几何的创立者。

图4.4.2（以色列，1975）

图4.4.3（德国邮资机戳，1964）

图4.4.4（苏联邮资信封，1965）

TIMIŞOARA
Universitatea Tehnică
Facultatea de Construcţii şi Arhitectură

Destinatar

Codul | Localitatea

图4.4.5（罗马尼亚邮资信封，2001）

图4.4.6
（法国附捐邮票，1953）

4.5　非欧几何诞生的故事

　　所谓**非欧几里得几何**（简称**非欧几何**）是指不同于欧几里得几何学（简称欧氏几何）的一类几何体系，主要有**罗巴切夫斯基几何**和**黎曼几何**。它们与欧氏几何的主要区别在于各自的公理体系中采用了不同的平行公理。非欧几何的出现从根本上拓广了人们对几何学的认识，引导人们对几何学基础的深入研究，它对物理学在20世纪初所发生的关于空间和时间的物理观念的变革起了巨大推动作用。现在，人们普遍认为宇宙空间更符合非欧几何的理论。

　　非欧几何的产生有着许多富有故事性的曲折过程。首先是历史上好些数学家提出，欧氏几何的第五公设（平行公理）能不能不作为公设，而作为定理？或者说能不能依靠前四个公设来证明第五公设？许多年来，人们投入了无数的精力，尝试了各种可能的方法，但都未能成功。这就是几何发展史上著名的关于"平行线理论"的研究。俄国数学家罗巴切夫斯基（Н.И.Лобачевский，1792–1856，图4.5.1和图4.5.2都是纪念罗巴切夫斯基的邮票，图4.5.3是纪念罗巴切夫斯基诞生200周年的邮资信封）从1815年起就着手研究平行线理论。他开始也是循着前人的思路，试图给出对第五公设的证明。但他很快就发现这条路走不通，并推理出"第五公设不能被证明"的重要结论。与此同时，他创建一个新的平行公理，即：通过直线外一点至少有两条直线与已知直线平行。它与欧氏几何其他四个公理一起构成新的公理体系。它所形成的新理论也和欧氏几何一样是完善的、严密的几何学，被世人称为罗巴切夫斯基几何（简称罗氏几何）。1826年2月23日罗巴切夫斯基在喀山大学物理数学系学术会议上，宣读了他的论文《几何学原理及平行线定理严格证明的摘要》。这篇创造性论文的问世标志着非欧几何的诞生。然而，这一重大成果在公诸于世时，遭到了某些传统数学家的冷漠和反对。

事实上，关于非欧几何的创立，当时德国数学家高斯（图4.3.2）在几何研究中已经发现了非欧几何，但他却怯于发表。这时匈牙利青年数学家 J.鲍耶（J.Bolyai，1802–1860，图4.5.4和图4.5.5都是纪念 J.鲍耶逝世100周年邮票）也在致力于第五公设的研究。虽然他曾遭到父亲——数学家 F.鲍耶（F.Bolyai，1775–1856，图4.5.6，纪念 F.鲍耶诞生200周年邮票）的反对，仍然继续研究，并发现第五公设不能被证明和非欧几何学的存在。他在1823年写成论文《空间的绝对科学》。他的父亲F.鲍耶将它寄给好朋友大数学家高斯，希望得到他的赞许并公诸于世。但高斯只说这与我30年前的工作不谋而合。这使 J.鲍耶极为失望，一直到1832年才在他的父亲的一本著作里，以附录的形式发表这个研究成果。当他在1840年看到罗巴切夫斯基论文的德文版后就更加心灰意冷了。

图4.5.1（苏联，1951）

图4.5.2（苏联，1956）

图4.5.3（俄罗斯邮资信封，1992）

图4.5.4（匈牙利，1960）　　　　图4.5.5（罗马尼亚，1960）　　　　图4.5.6（匈牙利，1975）

　　同样，高斯对罗巴切夫斯基的非欧几何研究工作也不加公开评论，他虽然积极推选罗巴切夫斯基为哥廷根皇家科学院通讯院士，可是在评选会和他亲笔写给罗巴切夫斯基的推选通知书中，对罗巴切夫斯基在数学上的最卓越贡献——创立非欧几何却避而不谈。

　　另一支非欧几何是黎曼几何。黎曼[1]的平行公理是：同一平面上的任意两条直线一定相交。著名物理学家爱因斯坦（A.Einstein，1879–1955，图4.5.7是以色列纪念爱因斯坦的邮票）正是对黎曼几何的研究和应用，才使他打开了广义相对论的大门。爱因斯坦还在1925年发表了《非欧几何与物理学》的研究论文。爱因斯坦是出生于德国的犹太人，1933年由于纳粹德国的反犹太主义，被迫移居美国，1955年在美国的普林斯顿去世。

图4.5.7（以色列，1956）

---

　　[1] 黎曼（G.F.B.Riemann，1826–1866）是德国数学家、物理学家。他在数学方面的贡献有：黎曼ζ函数、黎曼积分、黎曼引理、黎曼流形、黎曼映照定理、黎曼-希尔伯特问题等等。他开创的黎曼几何为爱因斯坦的广义相对论提供了数学基础。

4.6 简说分形几何

什么是**分形几何**（fractal geometry）至今还没有一个很确切的定义。

首先"分形"（fractal）一词是美国数学家曼德尔布罗特（B.B.Mandelbrot，1924−2010）[1] 于1975年根据拉丁文构造出来的，其原意是不规则、支离破碎等意义。作为一个学科——分形几何学从此诞生了。它是以非规则几何形态为研究对象的几何学。由于不规则现象在自然界是普遍存在的，所以分形几何建立以后，很快就引起学术界的关注。并发现它不仅在理论上，而且在实用上也都具有重要的价值。特别是电子计算机的图像显示，使人们对分形几何有了更清晰的了解。由于分形几何所研究的空间不一定是整数的维，而存在一个分数维数，这也是几何学的一个新突破。

所谓**分形**，一般是指可以将某一图形分成若干个部分，且每一部分都与它整体相似，这个性质称为**自相似**。以图4.6.1的分形树来说：一个树干有两个分权（0）；每一个分权可以作为树干，它又有两个分权（1）；同样每一个分权又作为树干，那么它又有两个分权（2）；由此不断作下去，就得到一个分形树的图像。它的每一个局部，都与它的整体相似。

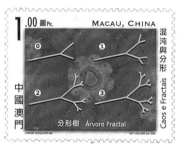

图4.6.1（中国澳门，2005）

实际上，在曼德尔布罗特提出"分形"的概念之前，在数学界已经有很多这类"自相似"的分形图形的例子。如：

1. 德国数学家魏尔斯特拉斯于1872年给出一个处处连续但处处不可微的例子，其构造方式完全与分形概念一致。

2. 1883年德国数学家康托尔构造康托尔集（图4.6.2）：一条直线，三等分后舍去中间一段。对余下的两段同样三等分后舍去中间一段。无限反复上述工作，就得到康托尔集。它是测度为0的不可列点集。它是自相似的，也是一个简单的分形图。

3. 希尔伯特曲线（图4.6.3）是一种能填充满整个平面正方形的分形曲线，它是德国数学家希尔伯特于1891年提出的。

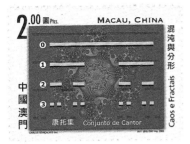

图4.6.2（中国澳门，2005）

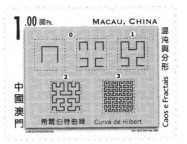

图4.6.3（中国澳门，2005）

4．瑞典数学家科赫（H.von Koch，1870–1924），由于不满意魏尔斯特拉斯提出的处处连续但处处不可微的例子，于1904年在论文《关于一条连续而无切线，可由初等几何构造的曲线》中给出一个相应的例子，即：取一直线段（图4.6.4中⓪），作三等分，取中间一段为底作向上正三角形并删去底边，这时出现的是由4条短直线段组成的折线（图4.6.4中①）。对每一条直线段重复上述做法，得到图4.6.4中②的图形。再反复上述工作（如图4.6.4中③），并无限进行下去就得到一条处处连续且处处不可微的曲线。如果最初的直线段改为由3条直线段组成的正三角形，对它的每一条直线段都按上述做法，就得到一个雪花曲线，称为科赫雪花，图4.6.5是瑞典小本票的封面，它描述了雪花曲线的绘制过程。

5．谢尔宾斯基三角形是波兰数学家谢尔宾斯基（W.Sierpinski，1882–1969）于1915年提出的。它是康托尔集的构思在二维平面的推广。它

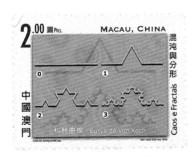

图4.6.4（中国澳门，2005）

图4.6.5（瑞典小本票，2000）

的操作方法是：先作一个正三角形，不妨设边长为1，如图4.6.6挖去一个"中心黄三角形"，然后在剩下的3个小三角形中各又挖去一个"中心黄三角形"，那么红三角形是剩下的部分。我们称红三角形为谢尔宾斯基三角形。如果用上面的方法无限地作下去（图4.6.6进行了3步），则谢尔宾斯基三角形的面积就趋近于零，而它的周长则趋近于无限大。当操作 n 次后红三角形个数为 3^n，这时每一个小红三角形一边之长为 $\left(\dfrac{1}{2}\right)^n$。

图4.6.6（中国澳门，2005）

曼德尔布罗特集合（图4.6.7）是曼德尔布罗特于1979年构造的集合。它常常被作为分形几何的典型例子，也是分形几何的标志性图案。曼德尔布罗特集合的放大过程可由方程式：$z = z^2 + c$ 来实现。它有的地方像日冕，有的地方像燃烧的火焰，只要你计算的点足够多，不管你把图案放大多少倍，都能显示出更加复杂的局部。这些局部既与整体不同，又有某种相似的地方，这种梦幻般的图案具有无穷无尽的细节和自相似性。为此曼德尔布罗特在1988年获得科学艺术大奖。曼德尔布罗特分形几何理论不仅用来理解数学问题，还可以用来描述许多其他领域的事物，如股票

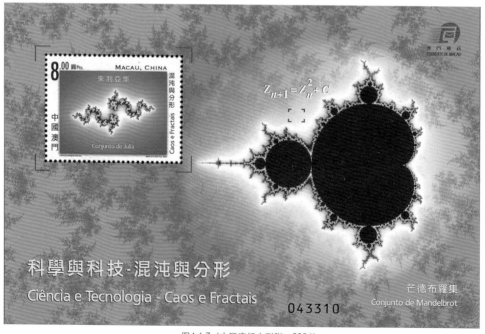

图4.6.7（中国澳门小型张，2006）

市场的价位变化、湍流的波动起伏、地质活动、行星轨道、动物群体行为、社会经济学模式等等。甚至音乐也可以通过图形来表达。图4.6.7小型张中的邮票所显示的分形图是朱利亚集，它是法国数学家朱利亚（G.M. Julia，1893–1978）于1918年构造的。

此外，还有很多分形几何的例子，如图4.6.8（正票图形是附票图形的某个局部）。这里就不一一叙述了。当然，有兴趣的读者还可以从专门的分形几何书籍，或者网上查阅到更多的分形几何的例子。会应用计算机的读者还可以亲自制作分形图。如果对分形几何图形着上各种色彩，那将格外漂亮。这正是数学与艺术的完美结合。

---

[1] 数学家、经济学家、分形理论的创始人曼德尔布罗特于1924年11月20日出生在波兰华沙一个来自立陶宛的犹太家庭。为避免纳粹德国的威胁，1936年举家逃离波兰到法国，1952年他获得巴黎大学数学博士。1958年移居到美国后，在IBM公司担任研究员。他离开IBM后去了耶鲁大学，担任数学教授至2005年退休。曼德尔布罗特于2010年10月14日在美国去世，享年86岁。

图4.6.8（以色列，1997）

五、代数学的故事

5.1 "代数"一词的由来

中世纪阿拉伯数学家花拉子米（图1.2.2）约公元780年生于今乌兹别克境内的花拉子模。他著有'ilm al-jabr wa'l muqabalah一书，直译为《还原与对消的科学》。这里al-jabr 意为"还原"；而muqabalah 意为"对消"或"化简"。可以说拉丁文中**代数学**一词algebra就是由al-jabr演变而来。因此，花拉子米的这本书名也可以译成《代数学》。在这本书中，花拉子米用十分简单的例题讲述了解一次和二次方程的一般方法。

5.2 从解方程到群论·阿贝尔

在古巴比伦和古印度数学中人们就已经会用根式求解一元二次方程，至16世纪意大利人解决了三次、四次方程的一般解法。但在以后几个世纪对四次以上方程一直没有什么结果。虽然1770年前后法国数学家拉格朗日（J.L.Lagrange，1736—1813，图5.2.1）提出用方程根的排列与置换理论来研究解代数方程问题，但却无法用于一般五次方程的根式解。因此，他提出四次以上方程没有根式解的猜想。直到1825年挪威青年数学家阿贝尔（N.H.Abel，1802—1829，图5.2.2）才给出了一般五次方程用根式不能求解的证明，并发表在著名的数学刊物《纯粹与应用数学杂志》第1卷（1826）上。阿贝尔还研究一类任意次特殊方程的可解性问题，指出它的全部根都是其中一个根的有理函数，且任意两个根的有理函数满足可交换性。实际上这已经涉及"群"的一些基本概念和结果，后人称这类可交换群为**阿贝尔群**。

图5.2.1（法国，1958）　　　图5.2.2（挪威，1929）

　　阿贝尔，1802年8月出生于挪威斯塔万格附近芬岛的一个农村。他很早便显示了数学方面的才能。16岁那年，他遇到了一位赏识他才能的老师霍姆伯（B.M. Holmboe，1795–1850），霍姆伯介绍他阅读牛顿、欧拉、拉格朗日、高斯等数学家的著作。这使阿贝尔的视野得到开拓，并很快地进入数学研究的前沿。19岁时，在霍姆伯和几位好友的帮助下，阿贝尔进入奥斯陆大学学习。两年以后，发表了他的第一篇论文，内容是用积分方程解古典的等时线问题。随后他研究一般五次方程求解问题，证明了五次方程不可解。他对证明过程做了压缩，自费印刷了这篇论文，并将它寄给当时欧洲大数学家高斯（图4.3.2）。但高斯见后说："太疯狂了，居然这么几页纸就解决了数学的世界难题？"因此，高斯直接把这本册子扔进了书堆。直至高斯去世后，人们在他的遗物中才发现阿贝尔寄给他的小册子还没有拆开。阿贝尔虽然在柏林无缘见到高斯，却在柏林认识了克雷勒（A.L.Crelle，1780–1855）。当时克雷勒正在筹办专门发表创造性数学研究论文的期刊《纯粹与应用数学杂志》。克雷勒对阿贝尔的数学天才极为赏识，并将阿贝尔的论文载入该杂志第一期中。随后，该杂志还刊登阿贝尔的其他一些文章。

　　1826年阿贝尔到了巴黎，他将论文提交给法国科学院。当时，科学院秘书傅立叶（J.Fourier，1768–1830）[1]读了论文的引言后，就委托勒让德（A.M. Legendre，1752–1833）[2]和柯西（A.L.Cauchy，1789–1857，图5.2.3）负责审查。然而柯西把稿件带回家中，究竟放在什么地方，竟记不起来了。直到两年以后阿贝尔已经去世，失踪的论文原稿才重新找到，而论文的正式发表，则延迟了12年之久。

　　由于贫病交加，阿贝尔于1829年4月6日离开了人世，在世仅仅27年。

　　阿贝尔同时也是椭圆函数论的奠基者之一。为纪念阿贝尔的成就，在挪威皇宫有一尊阿贝尔的雕像，他的脚下踩着两个分别代表五次方程和椭圆函数的怪物（图5.2.4）。基于阿贝尔的巨大贡献，挪威为纪念阿贝尔诞生200周年发行了一套纪念邮票（图5.2.5，图5.2.6），邮票上除了阿贝尔肖像外，还有有关的公式、曲线以及他著作的封面。

图5.2.3 (法国, 1989)

图5.2.4 (挪威, 1983)

图5.2.5 (挪威, 2002)

图5.2.6 (挪威, 2002)

---

[1] 傅立叶,法国数学家、物理学家。1817年当选为法国科学院院士,1822年任该院终身秘书。他在推导出著名的热传导方程时,发现解析函数可以由三角函数构成的级数来表示。并得出任一函数都可以展成三角函数的无穷级数。傅立叶级数(即三角级数)、傅立叶分析等理论均由此创始。他提出的傅立叶变换是一种特殊的积分变换。

[2] 19世纪初,法国数学家勒让德是法国科学院的耆宿,是当时椭圆积分方面的权威。

5.3 伽罗瓦和伽罗瓦理论

伽罗瓦(E.Galois,1811-1832,图5.3.1)是法国数学界一位传奇式人物,1811年10月25日出生于法国巴黎。在中学阶段他已经开始学习勒让德的《几何原理》和拉格朗日的《代数方程的解法》、《解析函数论》、《微积分学教程》等等当时大师们的著作。在1828年,在《纯粹与应用数学杂志》三月号上,发表了他的第一篇论文:《周期连分数一个定理的证明》。1829年,伽罗瓦在他中学最后一年快要结束时,把关于群论初步研究结果写成论文提交给法国科学院,科学院委托当时法国最杰出的数学家柯西(图5.2.3)作为这些论文的鉴定人,但被柯西忽略了。1830年2月,伽罗瓦又将他的研究成果比较详细地写成论文交到科学院,以参加科学院的数学大奖评选。但科学院秘书傅立叶收到手稿后不久就去世了,因而文章也被遗失了。这些著作的某些抄本落到数学杂志《费律萨克男爵通报》的杂志社编辑手里,并在1830年的4月号和6月号上把它刊载了出来。1832年3月16日伽罗瓦卷入了一场爱情与荣誉的决斗。伽罗瓦非常清楚对手的枪法很好,自己难以摆脱死亡的命运，所以连夜给朋友写信，仓促地把自己生平的数学研究心得扼要写出，并附以论文手稿。1832年5月31日上午，伽罗瓦终于在他生命的第21个年头因决斗而去世。

伽罗瓦最主要的成就是提出了群的概念，并用群论彻底解决了根式求解代数方程的问题。伽罗瓦发展了一整套关于群和域的理论，为了纪念他，人们称之为伽罗瓦理论。正是这套理论创立了抽象代数学，把代数学的研究推向了一个新的里程。也正是这套理论为数学研究工作提供了新的数学工具——群论。

图5.3.1（法国极限片，1984）

5.4 费马大定理

从勾股定理知道：不定方程 $x^2 + y^2 = z^2$ 存在非零整数解，比如当 $x = 3$ ，$y = 4$ 时，$z = 5$ 。

300多年，前法国数学家费马（P.de Fermat，1601–1665，图5.4.1）在一本书的空白处写下了一个定理：

若 n 是大于2的正整数，则不定方程 $x^n + y^n = z^n$ 没有正整数解。

这就是著名的费马大定理。在过去300年里许多数学家（甚至是著名的数学家如欧拉、高斯、柯西等）和数学爱好者都力图去证明它，但都未能得到满意的结果，或者只能证明当 $n = 3$，4，5，7时定理成立。二战后随着计算机的出现，大量的计算已不再成为问题。但借助计算机的帮助，也只能证明：当 n 小于等于4100万时，费马大定理是正确的。这种成功仅仅是表面的，即使范围再提高，也永远不能证明到无穷，不能宣称证明了整个定理。一直到1995年，美国普林斯顿大学的怀尔斯（A.Wiles，1953–）经过8年的奋战，用130页长的篇幅才完整证明了费马大定理。图5.4.2是捷克发行的邮票，票图指出在费马去世之后，1670年他的儿子发表了费马在页端的这个论断，随后人们称之为费马大定理。同时也指出，1995年怀尔斯证明了这个定理。

怀尔斯，1953年出生于英国剑桥，1974年获得牛津大学数学学士，1980年在剑桥大学取得博士学位，后来被聘请为美国普林斯顿大学教授。1997年，他获得了德国专门为"费马大定理"证明而设立的沃尔夫斯克尔（Wolfskehl）奖。

图5.4.1（法国极限片，2001）

图5.4.2（捷克，2000）

5.5　日本数学家关孝和

关孝和（约1642–1708，图5.5.1）日本江户中期的数学家，悉心研究中国的天元术等数学著作，他是日本古典数学的奠基人。他研究了各类代数方程与方程组的解法，独立发现行列式并应用于解题。对勾股定理、椭圆面积公式、阿基米德螺线、连分数理论、圆周率等也有所研究，他还写过数种天文历法方面的著作。

图5.5.1（日本，1992）

5.6　四元数

四元数是爱尔兰数学家哈密顿（W.R.Hamilton，1805–1865，图5.6.1）在1843年提出的数学概念。四元数是由实数加上三个元素 i、j、k 组成，而且它们有如下的关系：

$$i^2 = j^2 = k^2 = ijk = -1，$$

$$ij = k，\quad ji = -k，\quad jk = i，\quad kj = -i，\quad ki = j，\quad ik = -j。（图5.6.2）$$

因此，每个四元数都是1、i、j和k的线性组合，即四元数一般可表示为：$a + bi + cj + dk$。四元数的乘法不满足交换律，但满足乘法的结合律，而对非零元素它存在唯一的逆元素。它是除环的一个例子。

图5.6.1（爱尔兰，1943）

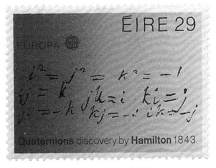

图5.6.2（爱尔兰，1984）

到目前为止，据说四元数可以应用于电脑绘图（及相关的图像分析）、控制论、信号处理、姿态控制、物理学和轨道力学等方面，但都是用来表示旋转和方位。这是因为四元数转换组合比很多矩阵转换组合在数字上更稳定。即使如此，对四元数的应用在学术界仍有争论。图5.6.3是爱尔兰为国际物理年而发行的三枚邮票之一，因为他们认为哈密顿的四元数在物理学上有着广泛的应用。

图5.6.3（爱尔兰，2005）

5.7 印度数学家拉马努金

印度数学家拉马努金（S.A.Ramanujan，1887–1920，图5.7.1为纪念拉马努金诞生75周年的邮票与邮戳）早期曾就读于印度的马德拉斯大学。但他除了数学外，其他课程大都不及格，因而被学校开除。1913年，拉马努金发了一长串复杂的定理给剑桥的学术界人士，只有三一学院院士哈代（G.H.Hardy，1877–1947）注意到了拉马努金在证明定理中所展示的天才。1914年拉马努金应邀去英国剑桥大学，随数学家哈代和李特伍德（J.E.Littlewood，1885–1977）从事数学研究。数年间成果累累。在堆垒数论特别是整数分拆方面有突出贡献。此外在椭圆函数、超几何函数、发散级数等领域也做了不少工作。在30岁时，他成为英国皇家学会会员以及三一学院研究员。1919年因患肺结核病被迫回到家乡，次年病逝。年仅33岁。

这里介绍一个拉马努金整数分拆方面的小故事。由于拉马努金病重，哈代前往探望。哈代说："我乘出租

图5.7.1（印度邮票与首日纪念邮戳，1962）

车来，车牌号码是1729，很平淡的一个数字，但愿不会是不祥之兆。"拉马努金答道："不，那是个很有趣的数字。可以用两个立方和来表达，在这种表达方式的数字中，1729是最小的。"（即 $1729 = 1^3 + 12^3 = 9^3 + 10^3$。）

5.8　中国数学家华罗庚与陈景润

华罗庚（图5.8.1），中国数学家，江苏金坛人，初中毕业后，刻苦自学。1931年到清华大学工作。1936年去英国剑桥大学进修。1938年任昆明西南联大教授，并写出《堆垒数论》。1946年任美国普林斯顿高等研究院研究员，伊利诺斯大学教授。新中国成立后历任清华大学教授，中国科学技术大学数学系主任，中国科学院数学研究所所长，中国科学院副院长等职务。1984年以全票当选为美国科学院外籍院士。他开创的"中国解析数论学派"即华罗庚学派在国际上颇具盛名，该学派对于质数分布和哥德巴赫猜想作出了许多重大贡献。此外，

图5.8.1（中国，1988）

他在典型群、矩阵几何学、自守函数和多复变函数论等方面也有深刻的研究和开创性的贡献。同时他还著有《优选学》及《计划经济范围最优化的数学理论》，以及其他科普读物。对国民经济领域学术研究与推广，在国内外都有着深远的影响。

陈景润（1933-1996，图5.8.2）中国数学家，福建福州人。1953年厦门大学数学系毕业。1957年调入中国科学院数学研究所，在华罗庚教授指导下从事数论方面的研究。1980年当选为中国科学院学部委员（现在的院士）。1966年发表《表达偶数为一个素数及一个不超过两个素数的乘积之和》（简称"1+2"），成为哥德巴赫猜想研究上的里程碑。而他所发表的成果也被称为陈氏定理。他曾获得国家自然科学奖一等奖、何梁何利基金奖、华罗庚数学奖等多项奖励。

$$P_x(1,2) \geq \frac{0.67xC_x}{(\log x)^2}$$

图5.8.2（中国极限片，1999）

六、分析学的创立与发展

微积分是分析学的基础。为此，先要介绍两位创建微积分的大师：牛顿和莱布尼茨。

6.1 牛顿

著名的数学家、物理学家、天文学家牛顿，1643年1月4日出生于英格兰（图6.1.1是纪念牛顿诞生350周年的极限明信片），1661年进入英国剑桥大学三一学院。1669年至1701年担任剑桥大学卢卡斯数学讲座教授。1703年担任英国皇家学会会长。1727年3月31日牛顿在伦敦病逝，享年84岁（图6.1.2和图6.1.3分别是纪念牛顿逝世230周年和250周年的邮票与邮戳）。

图6.1.1（德国极限明信片，1993）

图6.1.2（法国，1957）

图6.1.3（匈牙利，1977）

牛顿在数学上有着非常卓越的贡献。1665年，他22岁时发现了二项式定理（图6.1.4，图6.1.5）。这对于微积分的发展是必不可少的一步。早在17世纪，早期数学家们已经建立了一系列求解无限小问题的特殊方法，牛顿的功绩在于将这些特殊的技巧统一为一般的算法。为此，他创建了正流数（微分）术和反流数（积分）术。接着完成了奠定微积分体系的三份论著，即1669年的论文《运用无穷多项方程的分析》，1671年的《流数术与无穷级数》一书，1676年的论文《曲线求积术》。

图6.1.4（圣马力诺，1982）

图6.1.5（朝鲜，1993）

1687年，牛顿发表了巨著《自然哲学的数学原理》（图3.3.3和图6.1.6都是纪念该书出版300周年而发行的邮票），在该书中牛顿将整个力学建立在严谨的数学演绎基础之上。同时也是牛顿微积分学说的第一次正式公布（图6.1.7）。

图6.1.6 (苏联, 1987)　　　　　　　　　　图6.1.7 (朝鲜, 1993)

6.2　莱布尼茨

　　著名的德国哲学家、数学家和自然科学家莱布尼茨（图6.2.1），1646年7月1日出生于德国的莱比锡（图6.2.2是纪念莱布尼茨诞生350周年邮票与邮戳）。1661年，15岁时他进入莱比锡大学学习法律。在大学期间，他听了欧几里得《几何原

图6.2.1 (德国极限明信片, 1980)　　　　　　　　　图6.2.2 (德国, 1996)

本》的课程后，对数学产生了浓厚的兴趣。1666年离开莱比锡，前往纽伦堡附近的阿尔特多夫大学，1667年2月，阿尔特多夫大学授予他法学博士学位，还聘请他为法学教授。

1667年，莱布尼茨发表了他的第一篇关于数理逻辑方面的数学论文《论组合的艺术》。这使他成为数理逻辑的创始人。1684年10月莱布尼茨在《教师学报》上发表了论文《一种求极大极小的奇妙类型的计算》。虽然这篇论文只有六页，内容并不丰富，说理也颇含糊，但却是最早的微积分文献，有着划时代的意义。1686年，莱布尼茨又发表他的积分学论文《深奥的几何与不可分量和无限的分析》。同时首次在印刷品中出现沿用至今的积分符号"∫"和微分符号"d"（图6.2.3），它们分别是拉丁语"总和"（Summa）和"差"（Differentia）的第一个字母。牛顿和莱布尼茨都指出微分与积分是两种互逆的运算。而这正是微积分的关键所在。只有确立了这一基本关系，才能构建系统的微积分学。有关微积分创立的优先权，在数学史上曾有一番争论。因为牛顿在微积分方面的研究虽早于莱布尼茨，但莱布尼茨成果的发表却早于牛顿。但人们还是公认牛顿和莱布尼茨是各自独立地创建了微积分学。只是牛顿是从物理学出发，运用集合方法研究微积分，其应用上更多地结合了运动学。而莱布尼茨则从几何问题出发，运用分析学方法引进微积分概念，得出运算法则，在数学的严密性与系统性方面有着突出的贡献。1713年，莱布尼茨发表了《微积分的历史和起源》一文，总结了自己创立微积分学的思路，说明了自己成就的独立性（图6.2.4）。

图6.2.3（苏联，1970）　　　　图6.2.4（罗马尼亚，1966）

莱布尼茨曾讨论过负数和复数的一些性质，研究过线性方程组的求解，他首先引入了行列式。他也曾创立符号逻辑学的基本概念。

1700年，莱布尼茨筹建了柏林科学院，并出任首任院长（图6.2.5是1950年民主德国为纪念柏林科学院建立250周年发行的邮票），同时他也是英国皇家学会、法国科学院、罗马科学与数学科学院的核心成员。

1716年11月14日，由于胆结石引起的腹绞痛卧床一周后，莱布尼茨孤寂地离开了人世，终年70岁（图6.2.6是纪念莱布尼茨逝世250周年邮票）。

图6.2.5（民主德国，1950）　　　图6.2.6（德国，1966）

6.3　在微积分创建之前

我们已经说过，微积分是牛顿和莱布尼茨分别于17世纪下半叶创建的，实际上，在他们之前已经有很多这方面的科学积累。下面举几个例子。

早期，阿基米德（图6.3.1）在他的《抛物线求积法》中，用"穷竭法"求抛物线弓形面积，这相当于现在计算积分和的方法。

公元263年，中国的刘徽（图3.1.2）在他的"割圆术"中用正多边形来逼近圆周，这也是现代极限思想的先例。

从16世纪到17世纪上半叶，许多科学家在这方面都有许多重要的成果。

如德国天文学家开普勒（J.Kepler，1571-1630，图6.3.2是纪念开普勒诞生400周年邮票）在1615年出版的《新空间几何》中给出了92个阿基米德没有计算过的体积问题，他还研究了酒桶的最佳比例，开普勒在天文学研究中曾出现过相当于用现代符号

$$\int_0^\varphi \sin\theta \, d\theta = 1 - \cos\theta$$

表示的计算公式。

1635年意大利的卡瓦列里（F.B.Cavalieri，1598-1647）出版了《不可分量几何学》，他将面积的不可分量比作一块布的线，体积的不可分量比作一册书的各页，而且不可分量的个数是无限的，且没有厚薄与宽窄。意大利的托里拆利（图6.3.3是纪念托里拆利诞生350周年邮票，图6.3.4是圣马力诺发行的科学家系列邮票之一）进一步发展了卡瓦列里的"不可分原理"，提出了许多新定理。如：由直角坐标转换为圆柱坐标的方法；计算有规则几何图形板状物体重心的定理；在以一定速度水平抛出物体所描绘的抛物线上作切线的问题；还研究了抛物线的包络线；测定过抛物线弓形内的面积；抛物面内的体积以及其他复杂的几何难题。

图6.3.1（圣马利诺，1982）

图6.3.2（民主德国，1971）

图6.3.3（苏联，1959）

图6.3.4（圣马力诺，1983）

法国的帕斯卡（图2.1.18）认为在证明体积公式时可以略去高次项（即略去高阶无穷小）。他还认为很小的弧可以和切线相互代替。

法国的费马（图6.3.5）在求极大值极小值方面取得了重大的成果。牛顿的老师巴罗（I.Barrow，1630-1677）给出了求曲线切线的一般方法。

值得着重指出的是法国的笛卡儿（R.Descartes，1596-1650，图6.3.6和图6.3.7都是纪念笛卡儿诞生400周年邮票，图6.3.8是图6.3.6的试模印样[1]），他引进了变量，以及他和费马所创建的解析几何更是创立微积分的必要前奏。为此，恩格斯（F.Engels,1820-1895）曾经说过："数学中的转折点是笛卡儿的变数，有了变数，运动进入了数学，有了变数，辩证法进入了数学，有了变数，微分和积分也就立刻成为必要的了。"

图6.3.5（法国，2001）

图6.3.6（法国，1996）

图6.3.7（摩纳哥，1996）

图6.3.8（法国邮票图6.3.6的试模印样，1996）

---

[1] 在邮票正式印刷前，将邮票的图稿用各种方法（如雕刻、照相等等）制成印版试印在卡片上的样片。其目的在于送主管部门审批或者征求有关方面意见。这种印在卡片上的印样，称为**试模印样**。它不能作为邮资凭证。这类印样一般数量比较少，其种类有：图稿印样、试色印样、单色印样等等。

6.4 微积分的完备化与进展

尽管牛顿和莱布尼茨创建了微积分，但其理论基础尚不稳固，还有许多问题亟待修补与完备。

首先是法国的达朗贝尔（d'Alembert，1717–1783，图6.4.1）提出将微积分的基础归结为极限，但他缺乏实质性的成果。

而严密的工作是从捷克的波尔察诺（B.Bolzano，1781–1848，图6.4.2是纪念波尔察诺诞生200周年邮票）、法国的柯西（图6.4.3）、德国的魏尔斯特拉斯等数学家开始，最终才有了现在的极限定义。

在基础方面，最后一个需要解决的问题是实数理论。在这方面德国的康托尔、魏尔斯特拉斯和戴德金（图1.3.13）等分别给出相互等价，但方式不同的实数定义。正是这些实数理论为微积分理论的严密性打下了坚实的基础。

图6.4.1（法国，1959）

图6.4.2（捷克斯洛伐克，1981）

图6.4.3（法国极限明信片，1989）

虽然微积分基础的完备化有一个漫长的过程，但在这期间并不妨碍它的拓展、充实和应用。

如瑞士的欧拉（图6.4.4）用微积分解决了大量的天文、物理、力学等问题，开创了微分方程、无穷级数、变分学等新学科。1748年他出版的《无穷小分析引论》是第一本系统介绍微积分的书。他的《微分学原理》和《积分学原理》都是当时数学教科书中的经典著作。

拉格朗日（图6.4.5）在19岁时（1755年）用纯分析的方法求变分极值。他的第一篇论文《极大和极小的方法研究》发展了欧拉所开创的变分法，为变分法奠定了理论基础。1766年，他担任普鲁士科学院数学部主任，开始了他一生科学研究的鼎盛时期。在此期间，他完成了《分析力学》一书，这是牛顿之后的一部重要的经典力学著作。

勒让德是继欧拉之后椭圆积分理论奠基人之一。傅立叶则在三角级数方面作出贡献。

LAGRANGE Joseph Louis
mathématicien
1736-1813

图6.4.4
（瑞士附捐邮票，1957）

图6.4.5（法国极限明信片，1958）

还有俄国数学家奥斯特罗格拉茨基（M.B.Остроградский，1801-1862，图6.4.6是纪念他诞生150周年邮票）在积分学、变分法等领域也有着出色的工作。图6.4.7是他诞生200周年的纪念邮资封，邮资图中场论公式在俄罗斯称为奥斯特罗格拉茨基公式，但在欧美国家称为高斯公式。在此，不能不让我们想起场论的另外两个公式，它们是由英国数学家、物理学家格林（G.Green，1793-1841）和斯托克斯（G.G.Stokes，1819-1903）分别给出的，它们都与闭回路上的曲线积分（图6.4.8是纪念罗马尼亚科学院成立100周年邮票中的一枚）有关。

图6.4.6（苏联，1951）

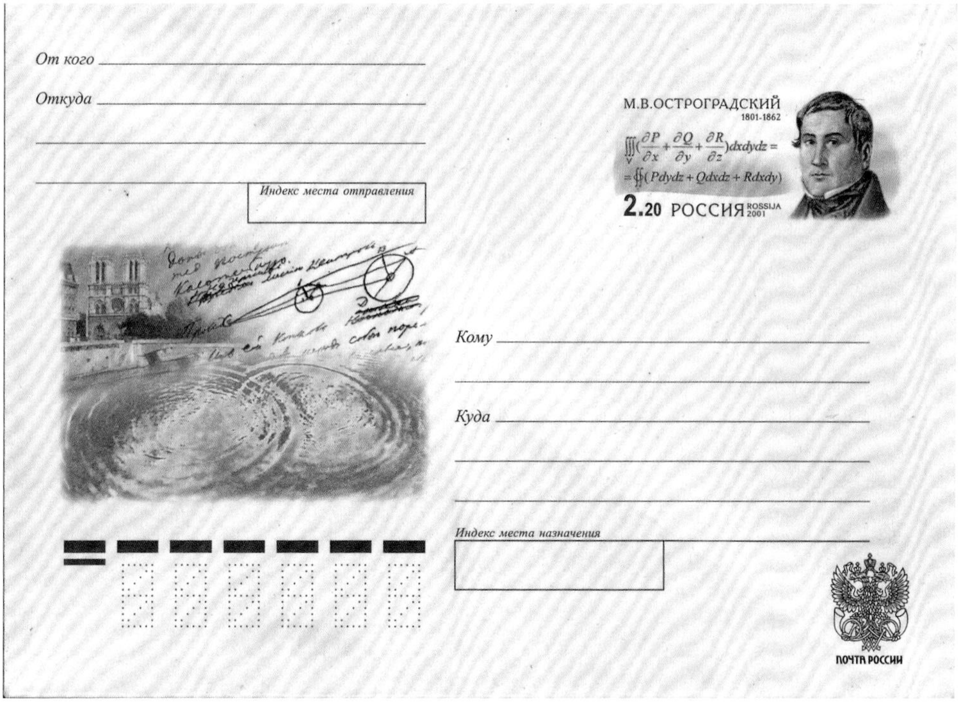

图6.4.7（俄罗斯邮资信封，2001）

图6.4.8（罗马尼亚，1966）

6.5 简说常微分方程

随着微积分的创立，常微分方程问题也就出现了。到1740年左右，人们已经知道了几乎所有求解一阶方程的初等方法。

1728年，瑞士人欧拉（图6.4.4）给出指数代换法，将二阶常微分方程化为一阶方程来求解。从而开始了对二阶常微分方程的系统研究。

1743年，欧拉又给出了高阶常系数线性齐次方程的完整解法，这是对高阶常微分方程的重要突破。1774-1775年间，法国的拉格朗日（图6.4.5）提出用参数变易法求解一般高阶变系数非齐次常微分方程。

19世纪，法国的柯西（图6.4.3）相继开展对常微分方程解的存在性问题和与奇点问题相联系的解析理论的研究，法国的庞加莱（J.H.Poincaré，1854-1912，图6.5.1）和克莱因（F.Klein，1849-1925）关于自守函数理论的研究，以及庞加莱对常微分方程定性理论的研究，使常微分方程解析理论的研究达到颠峰。庞加莱关于在奇点附近积分曲线随时间变化的定性研究，在1892年以后被俄国的李雅普诺夫（А.М.Ляпунов，1857-1918，图6.5.2）发展到高维一般情形，从而开辟了"运动稳定性"的新分支。李雅普诺夫的工作使常微分方程的发展出现了一个全新的局面。1937年，苏联的庞特里亚金（Л.С.Понтрягин，1908-1988）提出结构稳定性概念，要求在微小扰动下保持相对不变，从而使动力系统的研究向大范围转化。此外，苏联科学院院长克尔德什（М.В.Келдыш，1911-1978，图6.5.3和图6.5.4两枚是纪念克尔德什诞生70周年邮票和邮资信封）在常微分方程边值问题研究方面也多有贡献。

图6.5.1（法国，1952）

图6.5.2
（苏联，1957）

图6.5.3（苏联，1981）

图6.5.4（苏联邮资信封，1981）

6.6 简说偏微分方程

微积分对力学问题的应用引导出另一门数学分支——偏微分方程。1747年，达朗贝尔（图6.4.1）的论文《张紧的弦振动时形成的曲线的研究》可以说是偏微分方程论的开端，论文中达朗贝尔导出了弦的振动所满足的偏微分方程，并求出它的通解。

1749年，欧拉（图6.4.4）发表的论文《论弦的振动》讨论了同样的问题，并沿用达朗贝尔的方法，引进了初始条件下正弦级数的特解。

1785年拉普拉斯（P.S.M.de Laplace，1749-1827，图6.6.1）在论文《球状物体的引力理论与行星形状》中导出一类重要的偏微分方程——位势方程，现在称为"拉普拉斯方程"。

随着物理学研究从力学向电学、电磁学方向扩展，到19世纪，偏微分方程的求解成为数学家和物理学家关注的重心。1822年，法国数学家傅立叶发表的论文《热的解析理论》，研究了吸热或放热物体内部任何点处的温度变化随时间和空间的变化规律，导出了三维空间的热传导方程。

和常微分方程一样，求偏微分方程显式解的失败，促使数学家们考虑偏微分方程解的存在性问题。柯西（图6.4.3）是研究偏微分方程解的存在性的第一个人。柯西的工作后被俄国女数学家**柯瓦列夫斯卡娅**（С.В.Ковалевская，1850−1891）发展为非常一般的形式，柯瓦列夫斯卡娅是历史上第一位女数学博士，也是历史上第一位女科学院院士。

图6.6.2是纪念柯瓦列夫斯卡娅去世60周年邮票，图6.6.3是俄罗斯为欧罗巴杰出女性而发行的邮票，图6.6.4是苏联在普通邮资封上加印的科学家系列中的一枚。

图6.6.1（法国，1955）

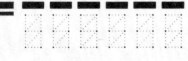

图6.6.2（苏联，1951）

图6.6.4（苏联邮资信封，1974）

图6.6.3（俄罗斯，1996）

图6.6.5（苏联，1973）

曾任莫斯科大学校长的**彼得罗夫斯基**（И.Г.Петровский，1901−1973，图6.6.5）在偏微分方程论，尤其在定性理论和方程分类等方面都有重要成果。

6.7 分析学的进展

1. **函数论**包括复变函数论和实变函数论。

在复变函数论方面，早在18世纪，法国的达朗贝尔（图6.4.1）和瑞士的欧拉（图6.4.4）就提出由复变数函数的积分导出的方程。

19世纪是复变函数论发展的鼎盛时期，这时法国的柯西（图6.4.3）、德国黎曼和魏尔斯特拉斯为复变函数论的全面发展做了大量的工作。其中柯西为复变函数理论的建立奠定了基础。他定义了复变数函数的积分，并证明了（柯西）积分定理。

复变函数论在应用方面，涉及的面很广。比如俄国的儒柯夫斯基（H.E. Жуковский，1847–1921，图6.7.1）在设计飞机的时候，就用复变函数论解决了飞机机翼的结构问题，他在运用复变函数论解决流体力学和航空力学方面作出了贡献。

我国数学家熊庆来（1893–1969，图6.7.2）在整函数和亚纯函数研究方面有突出贡献。他所定义的"无穷级函数"，国际上称为"熊氏无穷数"。

图6.7.1（苏联，1947）　　　图6.7.2（中国，1992）

我国数学家华罗庚教授（图5.8.1）在多复变函数论方面也做了一些卓有成效的工作。

实变函数论是19世纪末20世纪初形成的一个数学分支，它是微积分学的发展和深入，它研究的主要内容是函数的可积性。特别是1898年，法国数学家波莱尔（E. Borel，1871–1956）定义了测度概念。他的学生勒贝格（H.L.Lebesgue，1875–1941）随后发表了《积分、长度、面积》的论文，提出了"勒贝格测度"、"勒贝格积分"等概念。这些都为实变函数论这个新学科奠定了基础。

2. **泛函分析**是20世纪30年代形成的数学分析的新分支。它的研究对象是函数构成的空间。波兰数学家巴拿赫（S.Banach，1892–1945，图6.7.3）是泛函分析理论的主要奠基人之一。他的主要工作是引进线性赋范空间概念，创立线性算子理论。他证明了泛函分析基础的几个基本定理，这些定理概括了许多经典的分析结果，在理论上和应用上都有重要价值。人们把完备的线性赋范空间称为巴拿赫空间。

图6.7.3（波兰，1982）

3. 此外还有一些数学家在分析学方面作出贡献，如：希腊数学家卡拉吉奥多利（C.Carathéodory，1873–1950，图6.7.4）在测度论等方面，塞尔维亚数学家卡拉马塔（J.Karamata，1902–1967，图6.7.5）在函数论方面都做了不少的工作。

图6.7.4（希腊，1994）

图6.7.5（南斯拉夫，2002）

七、应用数学和数学的应用

什么叫做"应用数学"？目前没有一个确切的定义。只是相对于纯粹数学而言，有些数学分支通常被大家称为应用数学，但没有十分明确的界限。

7.1 简说概率论

现实世界中出现在我们面前常常有两种现象。一是确定性的，如明天早上太阳一定是从东方升起；另一是非确定性的，或者称为随机性的，如随手掷出一枚硬币，事先无法说出一定是正面朝上，还是反面朝上。对于它们，我们只能说，出现某一结果的可能性（或者概率）有多大。对于这类随机性问题的理论与方法的研究就是概率论所要面对的问题。

对于概率问题的数学研究最初是从赌博问题开始的。在17世纪，欧洲的宫廷贵族盛行掷骰子（图7.1.1）赌博。在赌博中出现许多有趣的问题。例如：甲乙两人轮流掷骰子赌博，各押赌金32枚金币，若甲先掷出3次6点，或者乙先掷出3次4点，就算赢了对方。在赌博进行一段时间后，甲已掷出2次6点，乙也掷出1次4点。这时赌博因故中断，试问如何分配这32枚金币才公平。这类"分配赌金"问题引起当时法国数学家帕斯卡（图7.1.2）的关注。他与他的好友数学家费马（图5.4.1）在通信中讨论了这些问题，并分别给出了正确的答案，而解决的办法就是后来被称为"**数学期望**"的概念。数学期望是一次随机抽样中所期望的某随机变量的取值，是概率论中最重要，也是最基本的概念。从而大家公认帕斯卡和费马是创立概率论的先驱。

1657年，荷兰数学家、物理学家惠更斯（C.Huygens, 1629-1695，图7.1.3）出版了《机遇的规律》一书是概率论的第一本专著。1713年瑞士数学家 J.贝努利（J.Bernoulli, 1654-1705，图7.1.4）在他的《推测术》一书中首先提出"大数定律"，这是概率论历史上第一个极限定理。他指出"当试验次数足够多时，事件发生的频率无穷接近于该事件发生的概率"（见图7.1.4上的曲线图和数学式子）。法国数学家拉普拉斯（图6.6.1）在1812年出版的《概率论的解析理论》一书中总结并发展了前人在概率论方面的工作，并把二项分布推广为更一般的分布，从而为概率论的发展奠定了基础。自18世纪末以来，各国数学家相继对概率论的发展作出许多贡献。如：德国的高斯（图4.3.2）给出正态分布函数（曲线）（图7.1.5）；俄国数学家切比雪夫（П.Л.Чебышев, 1821-1894，图7.1.6是切比雪夫诞生125周年纪念邮票）的大数定律；李雅普诺夫（图6.5.2）的分布极限问题研究；苏联数学家柯尔莫哥洛夫（А.Н.Колмогоров, 1903-1987）建立了概率论的公理化体系等等，他们都对概率论的发展作出了杰出的贡献。至今概率论已经广泛应用于数理统计、现代理论物理、气象学等许多科学领域。

图7.1.1（英国，1989）

图7.1.2（法国，1944）

图7.1.3（荷兰，1928）

图7.1.4（瑞士，1994）

图7.1.6（苏联，1946）

图7.1.5（德国邮戳，1977）

图7.1.7是为纪念1986年在苏联塔什干召开的"第一届贝努利世界数理统计与概率论大会"而发行的邮资信封。信封左面是概率论奠基人 J. 贝努利的肖像和他所建立的极限定理，其中（Ω，F，P）表示任一概率问题所必需具备的三要素（样本空间，事件域，分布函数）。

图7.1.7（苏联邮资信封，1986）

7.2 漫谈统计学

统计学是一门处理受到随机干扰的数据的科学。对于事先确定的目标，从收集数据开始，然后对所收集的数据进行整理、加工、分析，再依据分析的结果作出推断，最后把推断的结果提供给决策者作参考。

统计一词英语为statistics，起源于国情调查，最早意为国情学。统计学最初用于人口统计以及工农业统计等方面。图7.2.1是挪威发表的1876年至1976年，这百年间国民产值统计。由此看到该国家在经济方面的增长。关于环境状况方面的统计资料，将警示人们要爱护自然环境。如图7.2.2中统计图表指出，当水环境恶劣到一定程度时，鱼类将趋于死亡。对于生物、医药卫生以及健康方面的统计也一直备受人们的关注。如图7.2.3指出健康儿童体重与年龄之间的关系；图7.2.4则说明灭蚊的成绩对于抗疟所起的作用。

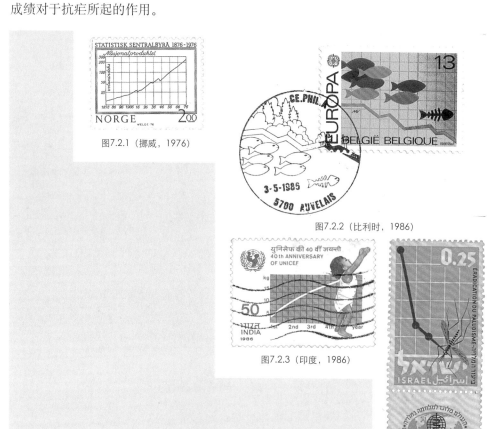

图7.2.1（挪威，1976）

图7.2.2（比利时，1986）

图7.2.3（印度，1986）

图7.2.4（以色列，1962）

比利时统计学家凯特莱（L.A.J. Quetelet，1796－1874，图7.2.5是纪念凯特莱逝世100周年邮票）利用概率论的概念来描述社会学和生物学现象。他认为那些在表面上看似乎杂乱无章的、偶然占统治地位的社会现象，如同自然现象一样也具有一定的规律性。他认为统计学不仅要记述国情和社会的静态现象，还要研究社会生活的动态现象，研究社会现象背后的规律性。凯特莱的这一思想为近代统计学的科学化奠定了基础。

图7.2.5（比利时，1974）

图7.2.6是葡萄牙的生产力统计数据（为1972年葡萄牙全国生产力会议而发行的邮票）。

在近代，印度出现了好几位杰出的数理统计学家。如：马哈拉诺必斯（P.C. Mahalanobis，1893－1972）、高善必（D. D. Kosambi，1907－1966，图7.2.7是纪念高善必诞生100周年的邮票）、拉奥（C.R.Rao，1920－）等等。其中高善必和拉奥都曾来我国进行过学术访问。

图7.2.6（葡萄牙，1972）

图7.2.7（印度，2008）

7.3 人口统计与人口普查

人口统计是统计学中最早涉及的实际问题之一，它是政府统计的一个重要方面，它从数量上研究人口的各种生物特征（如年龄、性别构成）、社会特征（如职业、文化及经济状况分布等）的现状、变动及其发展趋势的一门学科。人口统计是决定国家人口政策的主要基石，是国民经济各部门制定规划、决定布署、调整政策的重要依据。

图7.3.1（德国，1989）

如法国数学家拉普拉斯（图6.6.1）根据1745-1770年巴黎男女婴儿统计数据推断出：当女婴数为100时，男婴数为106是最合适的比例。如图7.3.1则是根据德国1889年到1989年人口统计资料，推算出2000年的人口状况。在图中从左至右分别显示1889年和1989年的各年龄段（每十岁一段）男（用♂表示，图中为蓝色）、女（用♀表示，图中为红色）人口数据以及所预测出的2000年各年龄段男女人口数据。由此，我们也不难看到至2000年德国男女婴儿比例适当，人们的寿命在增长，养老保险事业在发展等。又如，通过观察一个国家或地区的人口统计指标，或比较不同地区与国家的人口统计指标，可以借此评价一个国家或地区卫生保健工作方面的质量等等。

图7.3.2（中国，1982）

图7.3.3（中国，1983）

当然人口统计是基于**人口普查**的基础之上。因此，古往今来各国都非常重视人口普查工作。我国是世界上最早统计人口的国家之一。如在四千年前，大禹曾有"平水土，分九州，数万民"之说，这里"数万民"就是统计人口。新中国成立以来，已经进行了6次人口普查（图7.3.2是我国为第3次人口普查发行的纪念邮票）。我国实行的计划生育政策（图7.3.3），有效地控制了人口的盲目增长。

图7.3.4是伊拉克为1965年人口普查发行的邮票和首日封。它用统计图表显示人口增长状况，并在人口统计中使用计算器。图7.3.5是墨西哥为1970年人口普查发行的邮票，邮票画面用问号表现主题："我们有多少人？"很有创意。图7.3.6是日本

为1995年人口普查发行的邮票，在日本人口普查称为"国势调查"。图7.3.7是印度人口增长图（为在新德里召开的第41届国际统计会议而发行的邮票）。我们还注意到在本书第一章中，图1.1.6和图1.1.7分别是伊朗和墨西哥为人口普查而发行的邮票，其寓意都是"清点人数"。

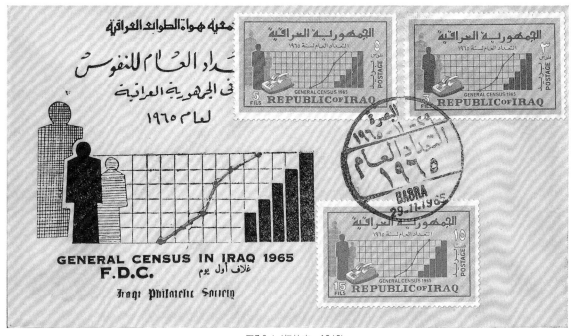

图7.3.4（伊拉克，1965）

图7.3.5（墨西哥，1970）

图7.3.6（日本，1995）

图7.3.7（印度，1977）

7.4 简说博弈论

博弈论的英文名称是game theory，也译为"对策论"或者"竞赛理论"。

先介绍一般的博弈论模型。每一个博弈主要由三个要素构成：（1）必须有两个或者两个以上的参与者（或称局中人，参与者可以是个人，或者集团，或者自然体）；（2）每个参与者都有若干可以实施的策略；（3）一旦各个参与者亮出自己的策略后，就有确定数据表明各个参与者的输赢。拿一个最简单例子来说，许多人都玩过"石头、剪刀、布"，它就是有两个局中人，每人都有3个策略（策略个数有限），一旦每人亮出自己的策略后，胜负就定了，而且一方的赢得，就是对方的支出。这一类博弈称为：**二人有限零和博弈**（二人指参与者有两个人，有限指每一个人的策略数是有限的，零和指双方赢得之和等于零），这类博弈也称为**矩阵博弈**，因为它只要用一个矩阵就能表达它的三个要素。许多赌博游戏（图7.4.1是比大小，图7.4.2是轮盘赌）或者各种棋牌（图7.4.3是围棋，图7.4.4是中国象棋、围棋与跳棋等，图7.4.5是国际象棋，图7.4.6是桥牌）比赛，都可以说是博弈论所要研究的对象。

图7.4.1（澳门，1987）　　图7.4.2（博普塔茨瓦纳，1980）

博弈论主要研究的问题是参与者在诸多策略中采取哪些策略最有利。目前博弈论在生物学、经济学、国际关系学、计算机科学、政治学、军事战略和其他很多学科都有广泛的应用。

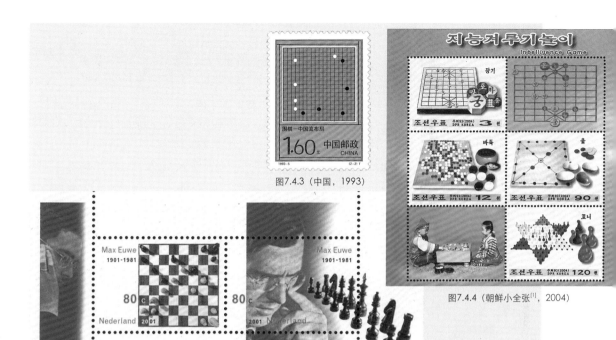

图7.4.3（中国，1993）

图7.4.4（朝鲜小全张[1]，2004）

图7.4.5（荷兰，2001）

图7.4.6（意大利邮资明信片，1983）

对于博弈论的研究，最早是德国数学家策梅罗（E.F.F.Zermelo，1871−1953）于1913发表的论文《关于集合论在象棋博弈中的应用》。1921年法国的波莱尔提出了有限型的极小极大定理。1928年美籍匈牙利数学家冯·诺伊曼（von Neumann，1903−1957，图7.4.7是纪念冯·诺伊曼逝世35周年邮票）证明了博弈论的基本定理：每一个矩阵博弈都可以在引入混合策略[2]后，存在最优解。从此博弈论作为应用数学的一个分支正式诞生了。1944年，冯·诺伊曼和美籍奥地利经济学家摩根斯坦（O.Morgenstern，1902−1977）合著的《博弈论与经济行为》（该书有中译本）是博弈论的首部著作。在书中他们把二人博弈推广到 n 人博弈的结构。此后，美国数学家纳什（J.F.Nash，1928−）利用不动点定理证明了均衡点的存在，为博弈论的一般化奠定了坚实的基础。这就是后来被称为"纳什均衡"的博弈理论。1994年，纳什和其他两位博弈论专家共同获得了诺贝尔经济学奖。此后还有4届的诺贝尔经济学奖得主与博弈论的研究有关。

图7.4.7（匈牙利，1992）

[1] **小全张**是把全套邮票印在一张小型纸上的邮票。它的图案、面值、枚数与同时发行的邮票完全相同，四周饰以花纹、图案及文字。

[2] 所谓"**混合策略**"是说：若某一局中人有 n 个策略，设 $x=(a_1, a_2, \cdots, a_n)$，其中$0 \leqslant a_i \leqslant 1$，$i=1,2,\cdots,n$，且$a_1+a_2+\cdots+a_n=1$，则 x 称为该局中人的一个混合策略。这也是表达局中人对每一个策略的偏爱程度。

7.5 维纳·控制论·钱学森

维纳（N.Wiener，1894−1964，图7.5.1）是一位有犹太血统的美国科学家。图7.5.1这组邮票是为纪念在世界各地有卓越贡献的现代犹太人，维纳是其中的一位，在邮票边纸上注明维纳是数学家和他的生卒年份（位于邮票的第二行右边）。维纳先后涉足哲学、数学、物理学、工程学和生物学等领域，在各个领域中都取得丰硕的成果。维纳对科学发展所作出的最大贡献是创立**控制论**。这是一门以数学为纽带，在研究自动调节、通信工程、计算机和计算技术以及生物科学中的神经生理学和病理学等学科时，将共同关心的共性问题联系起来研究，而形成新的边缘学科。

维纳于1948年发表了著名的《控制论——关于在动物和机器中控制和通讯的科学》一书。此后，控制论的思想和方法已经渗透到了几乎所有的自然科学和社会科学领域。维纳认为控制论可看作是一门研究动态系统在变化的环境条件下如何保持平衡状态或稳定状态的科学。他特意创造"Cybernetics"这个英语新词来命名这门科学。

如果要追溯"控制论"一词最初来源，应该说是著名的法国物理学家安培（A.M.Ampère，1775-1836，图7.5.2），他于1834年写了一篇论述科学哲理的文章，他在进行科学分类时，把管理国家的科学称为"控制论"。把希腊文"mberuhhtz"译成法文"Cybernetigue"，原意为"操舵术"，也就是掌舵的方法和技术的意思。可以认为维纳构造"Cybernetics"这个词正是受到了安培的启发。

图7.5.1（以色列首日封，1999）

图7.5.2（摩纳哥，1975）

说到控制论，还必须说说中国科学家钱学森（1911-2009，图7.5.3）院士在控制论方面的贡献。钱学森1934年毕业于交通大学机械工程系，1939年获美国加州理工学院航空、数学博士学位。1954年，钱学森发表《工程控制论》（英文版，该书俄文版、德文版、中文版分别于1956年、1957年、1958年出版）。1955年钱学森由美国返回祖国。钱学森的工作引起了控制领域的轰动，并成为20世纪五六十年代的研究高潮。钱学森将控制论的主要问题概括为"一个系统的不同部分之间相互作用的定性性质，以及由此决定的整个系统总体的运动状态"的研究。1957年，钱学森的《工程控制论》获得中国科学院自然科学奖一等奖。同年9月，国际自动控制联合会（International Federation of Automatic Control，简称IFAC）成立大会推举钱学森为第一届IFAC理事会常务理事，他成为了该组织第一届理事会中唯一的中国人。

图7.5.3 (中国，2011)

半个多世纪以来，控制论的应用已经遍布到生物医学、生理生态、环境、能源、政治、军事和社会科学的各个领域。也因此出现许多新的分支，如：医学控制论、神经控制论、生物控制论、环境控制论、经济控制论、社会控制论、生态控制论、自然控制论、智能控制论、军事控制论以及人口控制论、资源控制论等等，并在国民经济和社会发展中起着重要的作用。

7.6　数学的应用

数学的应用是无处不在的，在日常生活中比比皆是，如你去超市购物，你就需要用到加减乘除等运算来结账付款，当然这里有许多工作是计算机在帮你完成的。又比如你参加篮球比赛，在投篮时，投出去的篮球走的是抛物线，就要考虑投射角该多大时，篮球才能准确地进入篮框（图7.6.1）。当然不是当场拿笔来计算，但可以通过经验积累，意识到应该用多大的力气，该用什么角度比较合适。同样，火炮的射击也有一个发射角的问题，当火炮目标确定后可以由计算机来计算并自动调节。实际上数学的应用在本书已经有过许多介绍（如在实用几何、人口统计等章节中），现在再举几个例子。

1. 从一个地方到另一个地方的铁路线，一般不一定是两点一直线相连接，常常会有一些弯道，而弯道的弯曲度应该多大才合适呢？为此，铁路的线路设计者根据火车的速度来计算线路在转弯（图7.6.2）处**曲率半径**R（图7.6.3）应该多少。这就用到了微积分的知识。对于高速公路的转弯（图7.6.4）处，在设计时也要作相应的曲率半径计算，以保证高速行车的安全。

图7.6.1（罗马尼亚邮戳，1994）

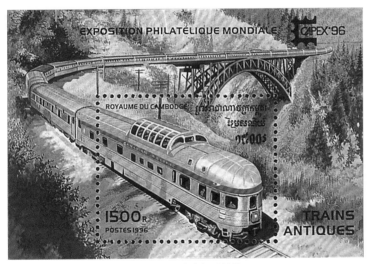

图7.6.2（柬埔寨，1996）

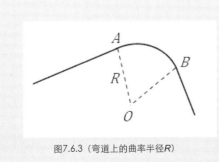

图7.6.3（弯道上的曲率半径R）

图7.6.4（中国，1995）

2．大到对一个国家，小到对一个班组的生产状况的数据收集、整理、分析，从而理清各种变化因素之间的关系，然后运用数理统计方法进行预测，以便为决策者提出建议。**绘制统计图表**（图7.6.5），是其中一个重要步骤，它使人们对情况一目了然。

3．**曲线拟合**是指选择适当的曲线类型来拟合观测数据（图7.6.6），或者说，它是用解析表达式来逼近离散数据的一种方法。这是在科学实验或社会活动中，常常被用到的一种方法。为使拟合程度比较好，常常采用曲线拟合的"**最小二乘法**"。最小二乘法是法国数学家勒让德于1805年首先提出的。图7.6.7是澳大利亚联邦科学院与工业研究会成立50周年纪念邮票，票图为曲线拟合图和计算机穿孔纸带。

图7.6.5（土耳其，1963）

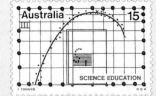

图7.6.6（澳大利亚，1974）

图7.6.7（澳大利亚，1976）

八、其他学科与数学

8.1 哲学与数学

在欧美许多国家获得数学专业博士的称为"哲学博士"，即PH.D。PH.D是Doctor of Philosophy的英文缩写。他们认为数学是属于哲学范畴，研究数学而获得的学位应该是哲学博士。

从历史上看，好些数学家也是哲学家。同样也有好些哲学家在数学方面作出了杰出的贡献。也有许多哲学家虽然他们不一定都是数学家，但却非常重视对数学的学习与研究。并积极推动数学知识的传播，或者发表自己对数学的见解。本节将介绍其中突出的几位。

古希腊数学家、哲学家毕达哥拉斯（图3.2.3，图3.2.4，图8.1.1）及其学派认为数是万物的本原，事物的性质是由某种数量关系决定的，并按照一定的数量比例构成和谐的秩序。由此他们提出了"美是和谐"的观点，他们认为音乐的和谐是由高低长短轻重不同的音调按照一定数量的比例组成的。毕达哥拉斯在数学方面的贡献，我们在"勾股定理"一节中已经提到了。

古希腊哲学家德谟克利特（Democritus，约前460－约前370，图8.1.2）对几何学感兴趣，他用平行于底面的平面将圆锥体、棱锥体和球体切割成"不可再分的"部分，以便来计算它们的体积。

古希腊哲学家柏拉图（Plato，约前427－约前347，图8.1.3）在他所创建的学园里研究哲学和数学。他还在学园大门上挂着"不懂几何者不得入内"的铭文。

古希腊哲学家亚里士多德（Aristotle，前384－前322，图8.1.4）是柏拉图的学生。在数学上，他曾给出 $\sqrt{2}$ 不是有理数 $\dfrac{a}{b}$（a、b为整数）的证明。

图8.1.1（希腊，1955）

图8.1.2（希腊，1961）

图8.1.3（希腊，1998）

图8.1.4（希腊，1978）

　　阿拉伯哲学家阿尔·金迪（al Kindi，9世纪，图8.1.5）曾写过许多介绍欧几里得几何学和印度算术的书籍。

　　阿拉伯哲学家阿尔·法拉比（al Farabi，870-950，图8.1.6）对欧几里得《几何原本》的评注是当时很有影响的数学著作。

　　阿拉伯哲学家阿维森纳（Avicenna，亦称伊本·西拿（Ibn Sina），980-1037，图8.1.7）在算术和数论方面有重要的贡献，并把数学应用于解决物理学和天文学方面的问题。

图8.1.5（叙利亚，1994）

图8.1.6（土耳其，1950）

图8.1.7（卡塔尔，1971）

下面我们介绍几位17世纪以来的哲学家，以及他们与数学的渊源。

笛卡儿（图6.3.6）是学法律的，获得的是法学博士学位。他主要从事哲学方面的研究，但也精于研究数学。1637年他出版了著名的哲学著作《方法论》一书（图8.1.8是法国为纪念《方法论》出版300周年的邮票，发行后发现把书名错印成"Discoure sur la Methode"，遂即重新印发正确书名"Discoure de la Methode"的邮票，图8.1.9）。该书有三个附录，其中第三个附录是《几何学》。在那里他引进变量概念使运算关系符号化，创建坐标系，建立解析几何学，使几何曲线与代数方程得以结合。笛卡儿的创造性见解，为微积分的创立奠定了基础。也使物理学和其他许多学科分支有了最基本的共同数学语言。

图8.1.8（法国，1937）

图8.1.9（法国，1937）

法国哲学家帕斯卡（图8.1.10是摩纳哥为纪念帕斯卡诞生350周年的邮票）是一位天才的科学家，他在世仅39年。在他16岁时就写成《圆锥曲线论》，其中他所论证的几何学定理被称作帕斯卡定理。他应友人的要求研究赌博输赢的几率问题，而成为概率论最早研究者之一。与此同时，他还得出二项式展开系数之间的相互关系，被称为帕斯卡三角形。35岁时完成名著《摆线论》，给出求不同曲线图形的面积和重心的一般方法。

莱布尼茨（图6.2.1）是著名的德国哲学家、数学家和自然科学家（图6.2.2、图6.2.6）。1661年，莱布尼茨进入莱比锡大学学习法律，在这期间，莱布尼茨还修读欧几里得的《几何原本》，从而对数学产生了浓厚的兴趣。我们在前面（6.2节）已经指出，他是微积分的创建者之一，同时也是数理逻辑的创始人。

图8.1.10（摩纳哥，1973）

图8.1.11（法国小全张，1989）

18世纪法国哲学家、数学家**孔多塞**（M.J.A.N.Condorcet，1743–1794，图8.1.11是纪念法国大革命200周年邮票，孔多塞是其中之一（左下），图8.1.12）。他主张社会政治研究必须引用数理方法，并倡导使用统计学和概率论的方法来解释哲学观念。

图8.1.12（法国极限片，1989）

图8.1.13（德国，1968）

近代德国哲学家**马克思**（K.H.Marx，1818–1883，图8.1.13是纪念他诞生150周年邮票）和恩格斯（图8.1.14是纪念他诞生150周年邮票）在创立马克思主义（图8.1.15是纪念第一国际成立100周年邮票）的同时也学习和研究数学。为此，马克思留下他的《数学手稿》。恩格斯在《反杜林论》中对"数学"作出精辟的描述：数学是研究现实世界中数量关系和空间形式的科学。

图8.1.14（罗马尼亚，1970）

图8.1.15（中国，1964）

113

8.2 天文学与数学

天文学研究主要有两个手段：一是观察，早期凭肉眼，现在当然有很多先进的天文望远镜，能够观察到更加遥远的星球（图8.2.1为射电望远镜和星球运行轨道）；二是计算，根据观察的结果推算出星球的运行轨道（图8.2.2是香港天文台百周年纪念邮戳）。

1．天文学家与数学

从天文学发展的历史来看，许多天文学家在研究工作中都善于应用数学，甚至发现（或者创造）新的数学理论和方法。例如：

古希腊科学家泰勒斯（Thales，约前624－约前547，图8.2.3）曾计算出公元前585年的一次日食，并因此平息一场战争。他也是首次运用相似三角形原理测出埃及金字塔高度的学者。

图8.2.1（澳大利亚，1986）

图8.2.2（中国香港邮戳，2000）

波兰天文学家哥白尼（N.Copernicus，1473–1543，图8.2.4是纪念哥白尼诞生500周年邮资信封）是日心说创立者，近代天文学的奠基人。他赞成以简单的几何图形或数学关系来表达宇宙的规律。图8.2.5则是纪念古希腊天文学家阿里斯塔克（Aristarchus，约前310–前230年）的邮票，他在公元前300年就提出太阳是宇宙的中心，地球围绕太阳运动。

图8.2.3（希腊，1994）

图8.2.4（波兰邮资封，1972）

图8.2.5（希腊，1980）

意大利天文学家伽利略（Galileo，1564−1642，图8.2.6，而图8.2.7是纪念伽利略诞生400周年邮票）年轻时最喜欢的书是欧几里得的《几何原本》和阿基米德的著作。1589年，他25岁时获得比萨大学数学和科学教授的职位。1609年，伽利略创制了天文望远镜观测天体，他绘制出了第一幅月面图。1610年1月7日，伽利略发现了木星的四颗卫星，为哥白尼学说找到了确凿的证据。

图8.2.6（马尔代夫，1988）

图8.2.7（匈牙利，1964）

德国天文学家开普勒（图8.2.8是纪念开普勒诞生400周年邮票和邮戳）正是凭借着自己的数学才能，才发现了行星运动的三大定律。他还提出行星沿椭圆轨道运行，太阳处在椭圆的一个焦点上。正因他对二次曲线的研究，才把"焦点"一词引入数学。

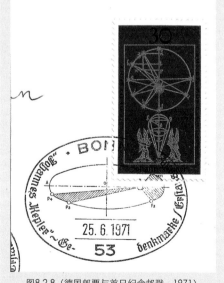

图8.2.8（德国邮票与首日纪念邮戳，1971）

英国科学家牛顿（图8.2.9）也是凭着渊博的数学知识，发现了万有引力定律，并为科学的天文学奠定了基础。他解释了潮汐的现象，指出潮汐的大小不但同朔望月有关，而且与太阳的引力有关；牛顿还从理论上推测出地球不是球体，而是两极稍扁、赤道略鼓，并由此说明了岁差现象。牛顿的许多发现都收在他的不朽杰作《自然哲学的数学原理》（图3.3.3）一书中。该书于1687年问世。牛顿在该书中用数学原则详尽解释天体行星的运动规律，着重分析了力学和万有引力定律在太阳系的应用，从而成为现代天文学的奠基人（图8.2.10）。

图8.2.9（朝鲜，1993）

图8.2.10（英国，1987）

图8.2.11（德国邮票与首日纪念邮戳，1984）

德国天文学家、数学家贝塞耳（F. W.Bessel，1784-1846，图8.2.11），在他的著作《天文学基础》（1818）发展了实验天文学，他还编制基本星表，测定恒星视差，预言伴星的存在，并导出用于天文计算的贝塞耳公式。他在数学研究中提出了贝塞耳函数，讨论了该函数的一系列性质及其求值方法，为解决物理学和天文学的有关问题提供了重要工具。

2．数学家与天文学

不仅天文学家在应用数学，研究数学，也有好些数学家对天文学作出了贡献。1801年，意大利天文学家皮亚齐（G.Piazzi，1746–1826）在观察着星空时，突然从望远镜里发现了一颗非常小的星星。他认为这可能就是人们一直没有发现的那颗被命名为"谷神星"的行星。但再想寻找这颗小行星时，它却不知去向了。当时天文学家对皮亚齐的这一发现产生了争论。这引起了德国数学家高斯（图4.3.2）的注意。高斯想，既然天文学家通过观察找不到谷神星，那么，是否可以通过数学方法找到它呢？对此，高斯在前人的基础上，以其卓越的数学才能创立了一种崭新的行星轨道计算理论。他根据皮亚齐的观测资料和他创立的方法，只用一个小时就算出了谷神星的轨道形状，并指出它将在什么时间，在哪一片天空出现。随后，德国天文爱好者奥伯斯（H.W.M.Olbers，1758–1840），在高斯预言的时间里，用望远镜在那片天空果然观察到了这颗星星。

3．海王星的发现

自从人们发现了天王星以后，它的运行轨道总是与预测的结果存在着微小的差异，这到底是什么原因呢？因此有人猜想，天王星的轨道外面，一定还存在着一颗行星，由于它的引力，才扰乱了天王星的运行。1845年，英国天文学家亚当斯（J.C.Adams，1819–1892）利用微积分等数学知识，计算出这颗新行星的位置。同时，法国天文学家、数学家勒威耶（U.Le Verrier，1811–1877，图8.2.12）通过解由几十个方程组成的方程组，也于次年计算出这颗新行星的轨道。随后德国天文学家加勒（J.G.Galle，1812–1910）按计算位置于1846年9月23日观测到这颗行星。它以罗马神话中的尼普顿（Neptunus）命名，因为尼普顿是海神，所以中文译为**海王星**（即图8.2.13中由内

图8.2.12（法国极限明信片，1958）

向外的第8颗星球，而第9颗冥王星已被排除出太阳系的行星系列，它和谷神星等一起被称为"矮行星"）。从海王星的发现过程，它成为唯一利用数学预测而非有计划的观测发现的行星。迄今只有"航海家2号"曾经在1989年8月25日拜访过海王星（图8.2.14画面是海王星和航海家2号，图8.2.15是海王星发现150周年纪念邮票）。

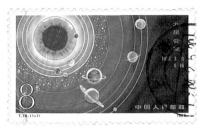

图8.2.13（中国，1982）

图8.2.14（美国，1991）

图8.2.15（摩纳哥，1996）

8.3　中国古代天文学家与数学

在中国古代灿烂的文明中，天文历法有着相当重要的地位。《尚书·尧典》曾记载：尧曾组织了一批天文官员到东南西北四个地方去观测天象，以编制历法，预报季节。

下面介绍几位中国古代天文学家以及他们在数学方面的成就。

东汉时期天文学家张衡（图3.1.1）从小就在数学、地理学、文学等诸方面表现出了非凡的才能和广博的学识。他在担任太史令时主持观测天象、编订历法、候望气象、调理钟律（计量和音律）等事务。张衡在天文学方面有两项重要贡献，即发表著作《灵宪》和制作浑天仪。在《灵宪》中记载了日、月角直径与近代天文测量所得的结果相差无几。

南北朝时期数学家、天文学家祖冲之（图3.1.5）经过多年的观测和推算，发现过去使用的《元嘉历》存在很大的差误。于是祖冲之着手制定新的历法，至公元462年编制成了《大明历》，并于公元510年开始正式颁布施行。关于张衡和祖冲之在计算圆周率 π 方面的成就，已在3.1节圆与圆周率中作了介绍。

唐朝天文学家张遂（法号一行，673–727，图8.3.1）青年时代到长安拜师求学，研究天文和数学，成为著名的学者。他在修订历法中，为了测量日、月、星辰在其轨道上的位置和掌握其运动规律，制造了观测天象的"浑天铜仪"。张遂使用"浑天铜仪"和"黄道游仪"观测天象时可以直接测量出日、月、星辰在轨道的坐标位置。并推断出天体上的恒星也是移动的，这一推断比英国天文学家、数学家哈雷（E．Halley，1656–1742，图8.3.2是哈雷的自画像）提出了恒星自己移动的观点早了一千多年。张遂修订的《大衍历》是一部具有创新精神的历法，他采用不等间距二次内插法推算出每两个节气之间，黄经差相同，而时间距却不同。这种算法基本符合天文实际，在天文学上是一个巨大的进步。

图8.3.1（中国，1956）　　　　　图8.3.2（英国，1986）

元朝天文学家、数学家郭守敬（1231–1316，图8.3.3）在授时历中对天文数据进行重新测定，他改革的天文计算方法主要有两个方面：其一是全面使用内插法；其二是应用球面直角三角法计算。郭守敬在天文仪器制造方面也勇于创新，力求提高精确度和切合实用，他制造的"简仪"是世界上最早的大赤道仪（图3.1.4的左侧）。

图8.3.3（中国，1962）

8.4　物理学与数学

物理学和数学是非常亲密的两个学科。在中学里，只有当学生有一定数学基础以后，才能开始学习物理学。在大学里，物理学系的学生必须学两年高等数学，才能开设比较专业的物理学课程。而一些著名的物理学家往往都具有深厚的数学修养，甚至在数学方面有所创见。而许多数学问题的背景是物理学问题。因此，好些数学家在物理学方面也有所贡献。牛顿就是一个最好的例子，他既是数学家也是物理学家。被誉为数学王子的高斯在物理学方面也多有贡献，如：静电学中的高斯定理、电磁学中的高斯单位制、光学中的高斯型谱线轮廓、实验数据的高斯误差分布等。同样许多物理学问题借助数学工具得到发展。如在晶体研究和原子核物理学研究中相继应用了群论概念；在统计物理学中广泛应用概率论；在量子力学中应用希尔伯特空间概念来描述，从而使数学中的算子理论与量子力学可以看成是同一问题的两面等等。

对图8.4.1中所罗列的7位最著名的物理学家，我们将依次介绍他们与数学的渊源。

第一位是牛顿（图8.4.2）。他在数学和天文学方面的成

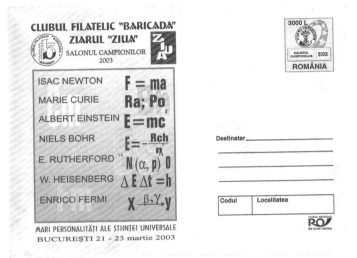

图8.4.1（罗马尼亚邮资明信片，2003）

就我们已经专门介绍过了。明信片给出的公式是著名的牛顿第二定律（物体的加速度a跟物体所受的合外力F成正比，跟物体的质量m成反比，加速度的方向跟合外力的方向相同。）即：$F=ma$。图8.4.3、图8.4.4和图8.4.5都给出著名的万有引力定律计算公式

$$F = G \frac{m_1 m_2}{r^2} \quad。$$

其中图8.4.3是纪念牛顿发现万有引力定律300周年邮票。1666年牛顿发现了白光是由各种不同颜色的光组成的。他还计算出不同颜色光的折射率，精确地说明了色散现象。他揭开了物质的颜色之谜，原来物质的色彩是不同颜色的光在物体上有不同的反射率和折射率造成的，从而奠定了现代光学的基础。图8.4.6、图8.4.7都是纪念牛顿在光学方面成就而发行的邮票。

图8.4.2（巴拉圭，1965）

图8.4.3（摩纳哥，1987）

图8.4.4（尼加拉瓜，1971）

图8.4.5（朝鲜，1993）

图8.4.6（英国，1987）

图8.4.7（马尔代夫，1988）

第二位是物理学家、化学家居里夫人（玛丽·居里，M.Curie，1867–1934，图8.4.8是法国纪念居里夫人诞生100周年邮票和极限片），她出生于波兰，后来移居法国，就读于巴黎大学，取得物理学及数学两个硕士学位。1903年6月，她以《放射性物质的研究》作为博士答辩论文获得巴黎大学物理学博士学位。玛丽和她的丈夫P.居里（P.Curie，1859–1906，图8.4.9）都是放射性现象的早期研究者，并在1898年7月和12月先后发现两种新的放射性元素钋（Po）和镭（Ra），图8.4.10是发现钋和镭100周年纪念邮票，边纸上的文字是"居里"。为此，他们夫妇（图8.4.11）获得1903年诺贝尔物理学奖。八年之后的1911年，居里夫人又因为成

图8.4.8（法国极限明信片，1967）

122

图8.4.9（中国，1959）　　　　图8.4.10（摩纳哥，1998）　　　　图8.4.11（法国，1982）

功分离了镭元素而获得诺贝尔化学奖。

　　第三位是爱因斯坦（图8.4.12，图8.4.13是纪念爱因斯坦诞生100周年邮票）。他是美籍德国犹太人，著名理论物理学家，相对论的创立者。他为核能开发奠定了理论基础，他在1921年获得诺贝尔物理学奖。1905年9月27日，爱因斯坦在德国《物理年鉴》上发表《物体的惯性同它所含的能量有关吗？》认为"物体的质量可以度量其能量"，随后导出著名的质能公式$E=mc^2$。爱因斯坦的质能关系公式，正确地解释了各种原子核反应。

　　这里我们简单介绍爱因斯坦在学习数学和应用数学方面的事迹。

　　1891年，他自学了欧几里得几何学。

　　1895年，自学完微积分。

　　1912年，爱因斯坦在数学教授格罗斯曼

图8.4.12（德国邮资明信片，1992）

(M.Grossmann,1878–1936)的帮助下，在黎曼几何和张量分析中找到了建立广义相对论的数学工具。经过一年的奋力合作，他们于1913年发表了重要论文《广义相对论纲要和引力理论》，进一步揭示了作为空间和时间统一体的四维时空同物质的统一关系，指出空间和时间不可能离开物质而独立存在，空间的结构和性质取决于物质的分布，它并不是平坦的欧几里得空间，而是弯曲的黎曼空间，这使黎曼几何获得实在的物理意义。

1921年1月27日，在普鲁士科学院作《几何学和经验》的报告。

1925年，发表《非欧几里得几何和物理学》。

图8.4.1上介绍的第四位是丹麦量子物理学家玻尔（N.H.D. Bohr, 1885－1962，图8.4.14是纪念玻尔提出原子模型50周年的邮票），1922年由于对原子结构理论的重大贡献而获得诺贝尔物理学奖。邮票和明信片上分别显示了玻尔理论：当氢原子在两个定态间跃迁时，以电磁波的形式放出或吸收能量，其频率的值ν有：

$$h\nu = E_2 - E_1,$$

并进一步得到能级与氢原子光谱之间的关系式：

$$E_n = -\frac{Rhc}{n^2} 。$$

图8.4.13（苏联，1979）

图8.4.14（丹麦，1963）

第五位是英国物理学家卢瑟福（E.Rutherford，1871－1937）。他通过α粒子为物质所散射的研究论证了原子的核式模型，把原子结构的研究引上了正确的轨道，因而他被誉为原子物理学之父。由于他在物理学上的成就与化学有密切的联系，从而荣获1908年度诺贝尔化学奖。接受奖金后，卢瑟福发表了演说，他讲到，在他一生中，曾经历过各种不同的变化，但最快的变化要算这一次了——他竟从物理学家一下子变成了化学家。图8.4.15是纪念卢瑟福诞生100周年并展示他所描述的α粒子运动的轨迹。

图8.4.15（苏联，1971）

图8.4.16（德国，2001）

第六位是德国物理学家海森堡（W.K.Heisenberg，1901-1976，图8.4.16）。海森堡主要贡献是给出量子力学的矩阵形式（矩阵力学）和提出"不确定性原理"，从而获得1932年诺贝尔物理学奖。

第七位是意大利出生的美籍物理学家费米（E.Fermi，1901-1954）。他是1938年诺贝尔物理学奖获得者。1941年底，费米在哥伦比亚大学主持建造了世界上第一座原子反应堆，实现了自持式链式反应，为制造原子弹迈出了决定性的一步。图8.4.17和图8.4.18分别是美国和意大利为纪念费米诞生100周年而发行的邮票。邮票画面是费米于1948年3月26日在芝加哥大学讲课，由此我们不难看到费米在研究工作中对数学的应用。

图8.4.17（美国，2001）　　　图8.4.18（意大利，2001）

当然，除了前面7位，还有很多杰出的物理学家，由于他们有着深厚的数学修养，在各自的研究领域中都做出了重要的贡献。如：

荷兰物理学家范·德·瓦耳斯（J.D. van der Waals，1837-1923，图8.4.19）从气体分子运动论得出理想气体的状态方程。1881年，他给这个方程引入两个参量，分别表示分子的大小和引力，从而得出更准确的方程即范德瓦耳斯方程。正是由于他在研究气态和液态方程方面的突出成绩而获得1910年诺贝尔物理学奖。

奥地利物理学家薛定谔（E.Schrödinger，1887-1961）在1926年发现波动力学和矩阵力学在数学上是等价的，而且是量子力学的两种形式，可以通过数学变换从一个理论转到另一个理论。他提出用波动方程描述微观粒子运动状态的理论被称为薛定谔方程（它是一类偏微分方程，图8.4.20是纪念薛定谔诞生100周年明信片，明信片左侧是薛定谔方程），它为波动力学的发展奠定了基础，从而获得1933年诺贝尔物理学奖。

图8.4.19（荷兰，1993）

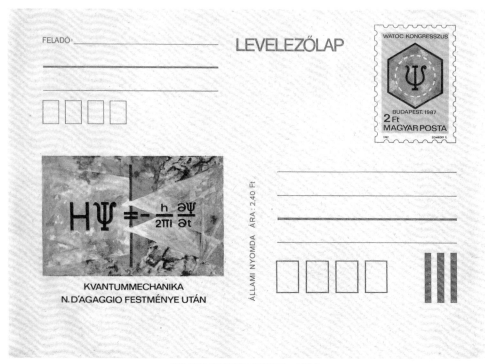

图8.4.20（匈牙利邮资明信片，1987）

最后再介绍因发现弱作用中宇称不守恒而获得1957年诺贝尔物理学奖的美籍华人物理学家李政道和杨振宁。

李政道，1926年出生于上海，20岁到美国进入芝加哥大学，师从诺贝尔物理学奖获得者费米教授。1950年获得博士学位之后，从事流体力学的湍流、统计物理的相变以及凝聚态物理研究。1953年开始从事粒子物理、场论以及薛定谔方程的研究。

杨振宁，1922年出生于安徽合肥。1942年毕业于国立西南联合大学。1945年考取公费赴美留学，就读于芝加哥大学，1948年获得博士学位。1957年同李政道一起发现宇称不守恒之外，杨振宁还率先与米尔斯（R.L. Mills，1927−1999）提出了"杨−米尔斯规范场"，开辟了非阿贝尔规范场的新研究领域，为现代规范场理论打下了基础。杨振宁的父亲杨武之（1896−1973）是芝加哥大学数学博士，回国后曾在清华大学与西南联合大学担任数学系主任多年。杨振宁曾说："父亲对我们子女们的影响很大。从我自己来讲：我小时候受到他的影响而早年对数学发生浓厚的兴趣，这对我后来搞物理学工作有决定性的影响。"

为纪念诺贝尔奖设立百年，1995年尼维斯发行了印有李政道肖像的邮票，马尔代夫和圭亚那分别发行了印有杨振宁肖像的邮票。

8.5 化学与数学

前面我们已经提到两位著名的化学家、物理学家居里夫人和卢瑟福对数学的研究和应用。

现代化学的元素周期律是1869年俄国科学家门捷列夫（Д.И.Менделеев，1834–1907，图8.5.1和图8.5.2分别是纪念元素周期表创建100周年的小型张和邮票）首创的，他将当时已知的63种元素按原子量大小并以表的形式排列，把有相似化学性质的元素放在同一行，这是元素周期表的雏形。利用周期表，门捷列夫成功地预测了当时尚未发现的元素的特性（镓、钪、锗）。1913年，英国科学家莫塞莱（H.G.J.Moseley，1887–1915）利用阴极射线撞击金属产生X射线，发现原子序越大，X射线的频率就越高。因此他认为核的正电荷决定了元素的化学性质，并把元素依照核内正电荷（即质子数或原子序）排列。后来又经过许多科学家的多次修订才成为现在大家见到的元素周期表。

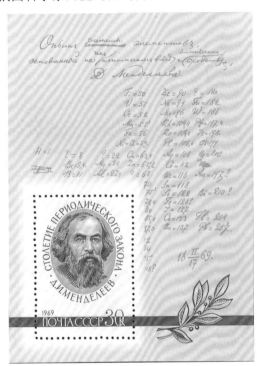

图8.5.1（苏联小型张，1969）

图8.5.2（苏联，1969）

20世纪70年代，在化学研究中出现了一个新的分支"**化学计量学**"。它是运用数学、统计学、计算机科学等方法，进行化学量测试验设计和数据的处理、分类、解析、预测等等。图8.5.3是应用计算机于晶体结构的分析。图8.5.4是应用计算机于化工生产的流程。

图8.5.3（比利时，1984）　　　图8.5.4（叙利亚，1998）

九、计算工具的进展

自古以来，人们对于数量较大或者复杂的计算问题，常常要借助计算工具来完成。人类早期的计算工具主要取材于随处可以捡到的小石子、贝壳、木条或者竹片等等。但随着科学技术的进步，计算工具也在不断地发展着。本章将介绍其中主要的几种。

9.1 算筹与算盘

1. 算筹

算筹是中国古代的计算工具。在公元前5世纪就出现了制作精细的算筹（图9.1.1下半部），从出土的算筹来看，它的大小与现在的铅笔相比略为细短一些，其材料多为竹制品，在陕西、湖北出土文物中也出现过骨质的算筹。

图9.1.1（多哥，1999）

2. 中国算盘

中国曾长期使用算盘（图9.1.2、图9.1.3）作为计算工具，但它起源于什么年代，至今尚未定论。最早估计是汉代（公元2世纪），最迟在元代晚期（公元14世纪）。**中国算盘**制作简单，使用方便，配上珠算口诀，在中国流行了几百年。我国学生过去从小学就开始学习算盘使用技巧（图9.1.4）。

图9.1.2（利比里亚，2000）

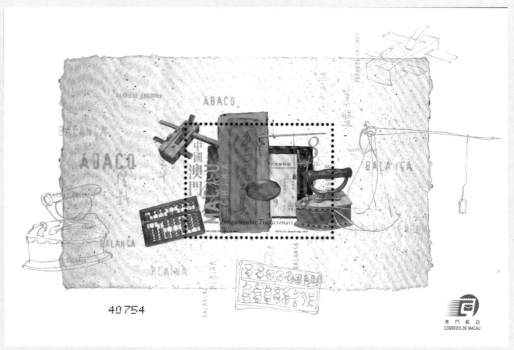

图9.1.3（中国澳门小型张，2001）

图9.1.4（中国，1975）

3. 日本算盘

在日本，使用的算盘称为"十露盘"。据说大约是在16世纪从中国输入的。但作了一些改进，如算珠由扁圆形改为菱形，上档算珠改为一个等（图9.1.5）。算盘曾是日本会计工作的常用计算工具，图9.1.6是1987年在日本召开的国际会计会议纪念邮票与邮戳。

图9.1.5（日本邮资明信片，1983）

图9.1.6（日本邮票与首日纪念邮戳，1987）

4．西方算盘

在欧洲一些国家，早期也出现过类似算盘的计算工具，比如在木板上刻了纵横线纹（称为算板），上面放置小卵石或其他特制的小器物（称为算子）来记数和计算。图9.1.7中的邮戳显示德国数学教育家里斯（A.Riese，1492－1559）研制的算盘，图9.1.7是纪念里斯诞生500周年邮票与邮戳。

图9.1.7（德国极限明信片，1992）

9.2　算架·比例规·
　　计算尺与对数表

1．算架

西方在计算工具方面，曾经使用过**算架**（图9.2.1），现在它主要用于儿童的数学启蒙教育（图9.2.2）。

图9.2.1（刚果（金），1971）

图9.2.2（南斯拉夫邮资明信片，1951）

2．比例规

1597 年著名科学家伽利略（图 9.2.3 是纪念伽利略诞生 400 周年邮票）曾利用相似三角形对应边成比例的原理发明了**比例规**，可用于求乘、除、比例等方面的计算。比例规的原理很简单，以求 a、b 两数的积为例。设 OC、OD 是张开的两臂（图9.2.4），上面有相同的刻度，当 $OA = OB = 1$ 时，取 $OC = OD = b$，调整 $\angle AOB$ 的角度，使 $AB = a$，则 $CD = ab$。于是 a 与 b 两数的积就等于 CD 的长度。

图9.2.3（意大利，1964）

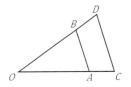

图9.2.4（比例规原理）

3．计算尺

在1614年苏格兰人纳皮尔（J.Napier，1550-1617）发明了对数以后，使乘除可以转化为加减来运算。由此而设计出来的**对数计算尺**（约在1630年）是计算工具的一个大发明。而把游标按在尺上的那种现代使用的计算尺（图9.2.5，图9.2.6和图9.2.7副戳部分是美国计算尺生产商的广告），则是1850年法国军官曼海姆（V.M.A.Mannheim，1831-1906）所创造。

图9.2.5（罗马尼亚，1957）

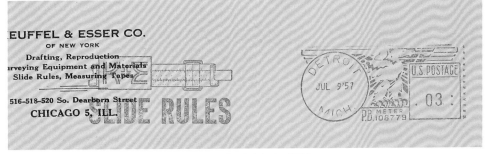

图9.2.6（美国邮资机戳，1957）

图9.2.7（美国邮资机戳，1957）

4．对数表

斯洛文尼亚数学家维嘉（J.Vega，1754−1802，图9.2.8是纪念维嘉诞生200周年邮票，图9.2.9是纪念维嘉诞生240周年邮票）曾编制出7位和10位常用**对数表**（图9.2.10），这是一项很有实用价值的成果。维嘉也研制过计算尺。

图9.2.8（南斯拉夫，1954）　　　图9.2.9（斯洛文尼亚，1994）　　　图9.2.10（斯洛文尼亚，2001）

9.3　机械计算机

欧洲工业革命促使生产和科学技术的迅猛发展，大量的数值计算问题亟待解决，这使得计算工具的改进迫在眉睫。最早设计计算机的是德国人席卡德（W. Schickard，1592−1635），但他没有留下实物资料，只在他于1623年给天文学家开普勒信中说到，他发明了能进行加减乘除的计算机，并绘有示意图。后来人们根据他的设想复原了席卡德的计算机，图9.3.1是纪念席卡德发明计算机350周年而发行的邮票及首日封。

350 Jahre
Rechenmaschine

Sonderpostwertzeichen
der Deutschen Bundespost

Ersttag: 12. Juni 1973

图9.3.1（德国首日信封，1973）

　　德国科学家帕斯卡于1642年制造出世界上第一台计算机（图9.3.2）。但它只能进行加减法运算，而乘除要化为重复的加减来计算。

PAGINI DIN ISTORIA TEHNICII DE CALCUL

Blaise PASCAL (1623 - 1662)
1642 - Maşina aritmetică
Muzeul Matematic din Dresda

Expeditor

ROMÂNIA　　1000 L

Carte poştală

Destinatar

RO
EDIPOST

Cod 055/2001

Tiraj: 5000 ex.

图9.3.2（罗马尼亚邮资明信片，2001）

1671年，著名数学家莱布尼茨（图6.2.1）发明了能进行加减乘除的机器，其模型至今尚保存在德国汉诺威博物馆中。据说莱布尼茨当时曾通过传教士送一台他复制的计算机给中国康熙皇帝，但至今未能在故宫中找到。在中国的有关文献中也没有记载。是否送来，也未可知。

　　机械计算机的不断改进，在19世纪后期至20世纪中期出现各种各样的具有实用价值手摇式机械计算机（图9.3.3、图9.3.4、图9.3.5）成为当时计算领域的主要工具。图9.3.4是瑞典制造的手摇计算机并曾输出到荷兰。上海计算机厂曾生产过图9.3.5这种类型的手摇计算机。

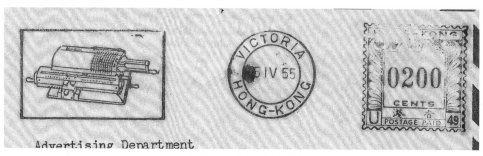

9.3.3（香港邮资机戳，1955）

图9.3.4（荷兰邮资机戳，1956）

图9.3.5（香港邮资机戳，1956）

英国的巴比奇（C.Babbage，1792-1871，图9.3.6）在1822年设计出"差分机"，1834年又设计出"分析机"。虽然他都没有实际造出这些机器，但他这种提出带有程序控制的完全自动计算机的思想，可以说，正是现代计算机设计理念的基础。

图9.3.6（英国，1991）

9.4 二进位制

在介绍电子计算机之前，先说说二进位制。因为电子计算机的运行要靠电流，对于一个电路而言，电流只有通电和断电两种状态。在计算机信息存储的磁盘上的每一个记录点，也只有磁化和未磁化两种状态。如果用光盘记录信息，光盘上每一个信息点的物理状态也只有凹和凸两种状态，它们分别起着聚光和散光的作用。由此可见，计算机上所使用的各种介质只有两种状态。对这两种状态我们分别用0和1（图9.4.1）来代表。这就使得二进位制成为电子计算机各项工作的基础。通常，我们向电子计算机输入数据，都先被转换成二进位制后，计算机才能按人们的设计进行运作。图9.4.2是以0、1为画面的背景，它是为布达佩斯在2003年举办的世界科学论坛而发行的邮票。图9.4.3则显示二进位制在数码产品中的应用。

图9.4.1（巴基斯坦，2000）

图9.4.2（匈牙利小型张，2003）

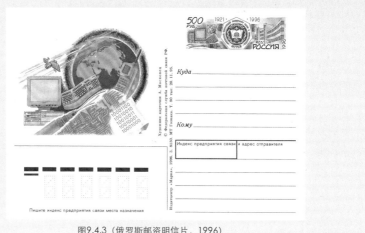

图9.4.3（俄罗斯邮资明信片，1996）

在西方认为：二进位制的发明人是德国数学家莱布尼茨。其实二进位制在中国易经中早有记载。它表现在八卦中，相传八卦是伏羲所造，图9.4.4画面是"伏羲画卦图"。这八卦就是由长短划不同排列组合而成的符号。每一卦都由一些阳爻（—）和阴爻（--）构成。如果以阳爻（—）为1，以阴爻（--）为0，那么从乾卦到坤卦共有六十四卦。在图9.4.5中出现了八卦，按二进位制来解释，它们（从左至右，从上至下）是：第一卦乾卦

$$111111_{(2)}=2^5+2^4+2^3+2^2+2^1+2^0=63,$$

下面依次是

$$011111_{(2)}=31, \quad 101111_{(2)}=47, \quad 001111_{(2)}=15,$$
$$110111_{(2)}=55, \quad 010111_{(2)}=23, \quad 100111_{(2)}=39, \quad 000111_{(2)}=7。$$

图9.4.4（中国澳门小型张，2001）

中国的八卦曾由传教士白晋（J.Bouvet，1656-1732）带到欧洲。莱布尼茨感到极为新奇，并于1703年在《皇家科学院纪录》杂志发表了《二进位算术的解说——它只用0和1并论述其用途，以及伏羲氏所用的古代中国数学的意义》一文。

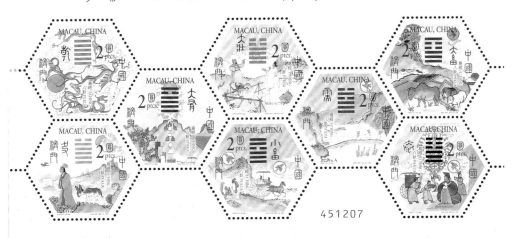

易經 I CHING 八卦 PA KUA

图9.4.5（中国澳门小全张，2001）

目前韩国国旗使用了易经中的太极图和八卦中的四卦，即$111_{(2)}=7$，$010_{(2)}=2$，$101_{(2)}=5$，$000_{(2)}=0$（图9.4.6）。

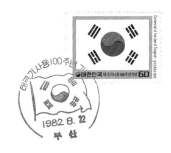

图9.4.6（韩国邮票与首日纪念邮戳，1982）

9.5　电子计算机

1．第一台电子计算机

世界上第一台现代电子计算机称为**"埃尼阿克"**（ENIAC，全称为 Electronic Numerical Integrator And Computer，图9.5.1），于1946年2月14日诞生在美国宾夕法尼亚大学，并于次日正式对外公布。但它的体积庞大，占地面积170多平方米，重量约30吨，它由1 700个电子管（图9.5.2中间），7 000个电阻（图9.5.3），10 000个电容器，以及60 000个开关等等所组成。而机器的耗电近100千瓦。当时曾用于弹道计算。这是**第一代电子计算机**，它以电子管为主要元件。显然，这样的计算机成本很高，使用也不方便。

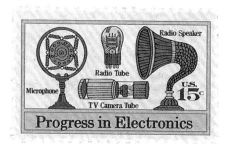

图9.5.1（马绍尔群岛，1998）　　　　　　　　　图9.5.2（美国，1973）

　　ENIAC被称为第一台电子计算机曾引起质疑，不少人认为阿塔纳索夫（J.V. Atanasoff，1903–1995，图9.5.4）和贝利（C.Berry，1918–1963）发明的ABC（全称是Atanasoff–Berry Computer）计算机，才是真正的电子计算机鼻祖。他们认为，ABC是从模拟计算机转入数字计算机时代的产物。而ENIAC只是使人们正式进入数字计算机时代。

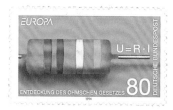

图9.5.3（德国，1994）　　　　　　　　　图9.5.4（保加利亚，2004）

　　美籍匈牙利数学家冯·诺伊曼[1]（图9.5.5）随后也参与了ENIAC研制工作。他发现ENIAC机本身存在两大缺点：（1）没有存储器；（2）它用布线板进行控制。于是他提出采用二进位制，来简化机器的逻辑线路。同时提出程序内存的思想，把运算程序放置在机器的存储器中，计算机只需要按程序在存储器中寻找运算指令，机器就会自行计算。

　　我们也注意到关于存储程序的概念，并不是冯·诺伊曼首先提出。英国数学家图灵（A.M.Turing，1912–1954，图9.5.6）在二战中应召到英国外交部通信处从事破译敌方密码的工作。由于破译工作的需要，他参与了世界上最早的具有存储功能的电子计算机——巨人机（COLOSSUS）的研制，1943年制成并用它破译了敌方许多密码。但它只是一台破译密码的专用电子计算机。

图9.5.5（美国，2005）

图9.5.6
（圣文森特和格林纳丁斯，2000）

图9.5.7（德国，2010）

图9.5.8（加蓬，2000）

图9.5.9（美国，1973）

最后，我们还要提到一位德国工程师楚泽（K.Zuse，1910－1995，图9.5.7），他于1938年凭借个人力量试制了一台采用二进制的可编程序的数字计算机Z－1，随后又制造出能正常运行的采用继电器的电磁式计算机Z－2（1939）、Z－3（1941）和Z－4（1944）。二战以后，楚泽流落到瑞士。1949年他把Z－4计算机安装在瑞士苏黎世技术学院，并稳定地运行到1958年。所以许多人认为楚泽才是"数字计算机之父"。

2．电子计算机的更新换代

1956年，晶体管（图9.5.8画面上有晶体管和微处理器，图9.5.9是晶体管和印刷电路）电子计算机诞生了，这是**第二代电子计算机**，运算速度也大大地提高了。图9.5.10是体积庞大的第二代计算机，它的程序输入方式是8进制的穿孔纸带（图9.5.11）。

图9.5.10（葡萄牙，1978）

图9.5.11（新加坡，1983）

1959年出现以集成电路为元件的**第三代电子计算机**（图9.5.12）。但它的能力只相当于现在的计算器，而现代的计算器小到可以插在帽子上（图9.5.13），甚至更小。

图9.5.12（美国，1999）

图9.5.13（比利时，1985）

从20世纪70年代开始，电子计算机进入新阶段。它由大规模集成电路和超大规模集成电路组成（图9.5.14，图9.5.15），这是**第四代电子计算机**。超大规模集成电路的发明，使电子计算机不断向着小型化、低功耗、智能化、系统化的方向发展。

图9.5.14（民主德国，1983）

图9.5.15（美国，1996）

在电子计算机发展的过程中，各种品牌的电子计算机蜂拥而出，如：IBM（International Business Machines Corporation，国际商业机器公司，图9.5.16）、苹果牌电子计算机（Apple Computer，图9.5.17）、戴尔（Dell）电脑（图9.5.18）等等。

图9.5.16（德国邮资机戳，1971）

图9.5.17（德国邮资机戳，1987）

图9.5.18（德国邮资机戳，2003）

[1] 美籍匈牙利数学家冯·诺伊曼，出生于匈牙利。1926年获得布达佩斯大学数学博士学位。1931年他成为美国普林斯顿大学终身教授，他是美国国家科学院院士。1951年至1953年任美国数学会主席。冯·诺伊曼在数学的诸多领域都做了开创性工作。在第二次世界大战前，他主要从事算子理论、集合论等方面的研究，建立了算子代数这门新的数学分支。冯·诺伊曼也是博弈论的创始人。此外，冯·诺伊曼在格论、连续几何、理论物理、动力学、连续介质力学、气象计算、原子能和经济学等领域都做过重要的工作。由于他在计算机方面的贡献，被誉为"电子计算机之父"。

9.6 信息技术

20世纪80年代以来，由于电子计算机不断地向智能化方向发展，使它成为人脑功能的延伸（图9.6.1），人们称它为**电脑**。现在的电脑（图9.6.2、图9.6.3）可以进行思维、学习、记忆、网络通信等等工作。由于**IT**（Information Technology**信息技术**，图9.6.4）产业的迅猛发展，导致各种网站纷纷创立并开始运作。如：万维网（World Wide Web，图9.6.5）、雅虎（Yahoo，图9.6.6）等等。同样，政府部门（图9.6.7上印有波兰政府官方网址）、民间团体（图9.6.8是墨西哥全国妇女委员会官方网站，在三八妇女节提出保护妇女权益），乃至个人也在建立自己的网站。这些都促进了全球的信息交流（图9.6.9、图9.6.10），使全球迅速进入了数字化时代。

图9.6.1（中国，2001）

图9.6.2（纳米比亚，2002）

图9.6.3（俄罗斯邮资信封，2004）

图9.6.4（英国，1982）

图9.6.5（美国，2000）

图9.6.6（新加坡邮戳，2000）

图9.6.7 (波兰, 2003)

图9.6.8 (墨西哥, 1999)

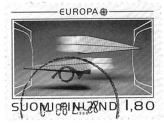

图9.6.9 (芬兰, 1988)

图9.6.10 (古巴, 2002)

图9.6.11是泰国确定1995年为IT年的纪念邮票, 图9.6.12是新加坡IT周宣传邮戳, 图9.6.13是英国指出人类在20世纪进入了互联网时代。

图9.6.11 (泰国, 1995)

图9.6.12 (新加坡邮戳, 1987)

图9.6.13 (英国, 2000)

9.7 电子计算机的应用

电子计算机从它诞生的第一天起，其主要目的是应用于科学计算（图9.7.1）。如航天工业的计算（图9.7.2）、气象预测中的数值计算（图9.7.3）、工业产品设计和生产流程的自动控制（图9.7.4）等等。

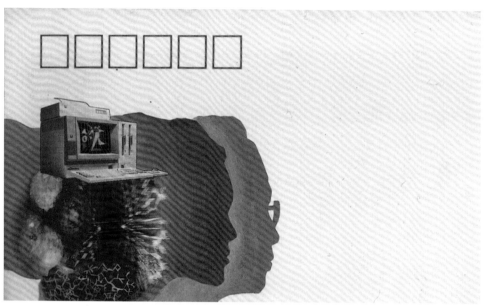

图9.7.1（中国邮资信封，1989）

图9.7.2（苏联小型张，1984）

图9.7.3（中国，2000）

图9.7.4（民主德国，1987）

随着电子计算机的智能化、小型化、普及化，男女老少都在学习和使用电子计算机（图9.7.5、图9.7.6、图9.7.7）。现在电子计算机的应用几乎涉及人们的工作、生活的各个领域，如：通信（图9.7.8）、新闻出版（图9.7.9）、军事部门（图9.7.10）、金融系统（图9.7.11为电子计算机控制的存款取款机）、医疗诊断与检测（图9.7.12）、远程教育（图9.7.13、图9.7.14）等等。会计工作中也从过去的算盘计算进入电脑时代（图9.7.15是为在澳大利亚召开的第10届国际会计师大会而发行的邮票）。

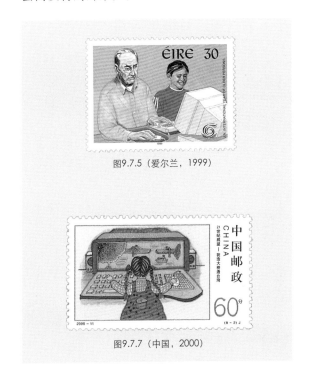

图9.7.5（爱尔兰，1999）

图9.7.7（中国，2000）

图9.7.6（泰国，2004）

图9.7.8（瑞典小本票，2000）

图9.7.9（俄罗斯小型张，2003）

图9.7.10（罗马尼亚邮资信封，2002）

图9.7.11（韩国邮资明信片，1999）

图9.7.12（泰国，2002）　　　　　图9.7.13（巴基斯坦，1999）

图9.7.14（塞浦路斯，2002）　　　　　图9.7.15（澳大利亚，1972）

随着电子计算机的普及和广泛使用，也出现许多新问题。如在2000年时，出现了"千年虫"（图9.7.16）问题。又如频繁出现的黑客攻击电子计算机，破坏数据库。因此，保护数据成为当务之急（图9.7.17是为在西班牙圣地亚哥召开的"第20届国际数据保护会议"而发行的纪念邮票）。尽管如此，电子计算机发展与应用前景仍然是无限光明的。

图9.7.16（印度尼西亚，2000）

图9.7.17（西班牙，1998）

十、数学轶事

10.1 数学家

我们在前面介绍过很多古今中外成就卓著的数学家，如毕达哥拉斯、欧几里得、阿基米德、牛顿、莱布尼茨、柯西、祖冲之、华罗庚……等等。但笔者认为在近代数学家中最为突出的是：牛顿、欧拉和高斯。其中牛顿在"微积分的创建"、"天文学"和"物理学"等章节中已多次作了介绍。现在将着重介绍欧拉与高斯两位数学家，他们在数学学科的许多方面都有着特别突出的贡献。

1. 欧拉（图6.4.4）是18世纪数学界最杰出的人物之一。1707年4月15日生于瑞士的巴塞尔（Basel）城（图10.1.1是纪念欧拉诞生300周年邮票）。他13岁时，就进入巴塞尔大学读书，得到当时最有名的数学家 J.贝努利[1]（J.Bernoulli，1667–1748）的精心指导。15岁获得学士学位，16岁获得硕士学位，19岁（1726年）时因撰写了《论桅杆配置的船舶问题》而荣获巴黎科学院的奖金。1727年由 D.贝努利（D.Bernoulli，1700–1782）举荐到俄国圣彼得堡科学院工作，1731年被聘请为物理学教授，1733年接替 D.贝努利任数学教授。1741年任柏林科学院物理数学所所长。1766年重返圣彼得堡，直到1783年9月18日去世（图10.1.2是纪念欧拉逝世200周年邮票）。

图10.1.1（瑞士，2007）

图10.1.2（民主德国，1983）

欧拉一生都是在科学院度过的，因此得以专心研究数学。从19岁开始发表论文，直到76岁，几乎在每一个数学领域都可以看到欧拉的名字。四次方程的欧拉解法，数论中的欧拉函数，微分方程的欧拉方程，级数论的欧拉常数，变分学的欧拉方程，复变函数的欧拉公式等等。他对数学分析有着突出的贡献，他编写的《无穷小分析引论》、《微分学原理》和《积分学原理》都是当时数学教科书中的经典著作。欧拉还创设了许多数学符号，例如：$f(x)$（1734年）、π（1736年）、e（1748年）、sin和cos（1748年）、tan（1753年）、Δx（1755年）、$\sum$（1755年）、i（1777年）等等。欧拉在他半个多世纪中，以平均每年800页的速度写出创造性论文。他去世后，人们整理出他的研究成果多达74卷。

1752年，欧拉发现，对任何凸多面体，其顶点数 e、棱数 k、面数 f 之间总有关系式 $e-k+f=2$（在图10.1.1和图10.1.2中都有此关系式），$e-k+f$ 被称为欧拉示性数，成为组合拓扑学的基础概念之一。

1957年，瑞士为纪念欧拉诞生250周年而发行的邮票（图6.4.4）上出现了以下的欧拉公式：

$$e^{i\varphi} = \cos\varphi + i\sin\varphi,$$

这是关于三角函数最漂亮的公式之一，同时也是三角函数与复数间的桥梁，若令 $\varphi=\pi$，则有

$$e^{i\pi}+1=0。$$

欧拉本人非常喜欢这个美丽的数学公式。其中的0和1分别是加法和乘法的单位元，e和 π 是两个特别的超越数，i是虚数单位。这5个表面上互不相干的数，竟然可以如此简单地连接起来，令人惊叹。

图10.1.3和图10.1.4分别是苏联和民主德国纪念欧拉诞生250周年邮票。1950年，民主德国在纪念柏林科学院成立250周年的一套邮票中也有一枚邮票是纪念欧拉的（图10.1.5）。

图10.1.3 (苏联, 1957)

图10.1.4 (民主德国, 1957)

图10.1.5 (民主德国, 1950)

2．高斯（图4.3.2），德国著名的数学家、物理学家、天文学家、大地测量学家。由于他在数学领域的诸多重大贡献而被誉为数学王子。

高斯从小聪颖好学，思维缜密。10岁时进入不伦瑞克首次创办的数学班级。一次数学老师出了一道从1到100的整数求和题目，在许多孩子埋头苦算时，他却很快写出答案5050（他的方法就是现在大家通用的等差数列求和的方法）。后来老师又出了一道更难一点的计算题，求 81 297＋81 495＋81 693＋…＋100 899（这也是一道等差数列求和问题，公差是198，项数是100），当老师刚写完时，高斯就已经把答案写在小石板上了。这反映出，高斯从小就注意把握数学的本质这一特点。

1792年，15岁的高斯进入不伦瑞克学院。在那里专心阅读牛顿、欧拉、拉格朗日这些欧洲著名数学家的论著。他对牛顿的工作特别钦佩，并很快地掌握了牛顿的微积分理论。在那里他独立发现了二项式定理的一般形式、数论上的"二次互反律"、质数分布定理、算术几何平均。他发现了数据拟合中最为有用的最小二乘法，提出了概率论中的正态分布公式并用曲线形象地予以说明。

1795年，高斯进入哥廷根大学。1796年3月30日，当他差一个月满19岁时，他用代数方法，给出只用直尺和圆规作圆内接正17边形的方法——《正十七边形尺规作图之理论与方法》，这是一个有着二千多年历史的数学悬案。为了纪念他少年时期这一重要的发现，他希望死后在他的墓碑上能刻上一个正17边形。（图10.1.6是纪念高斯诞生200周年邮票，图中右方是圆规与直尺。）

图10.1.6 (民主德国, 1977)

1799年，高斯22岁时获博士学位，他提交的博士论文证明了：在复数域里，任何一元代数方程都有一个根。他是第一个给出严格证明的数学家，这个结论被称为"代数基本定理"，也称为"高斯定理"。

1801年，24岁时他出版了《算术研究》，这是一本关于数论的系统论著，在这里高斯第一次介绍了"同余"这个概念。

1812年发表的论文《无穷级数的一般研究》，引入了高斯级数的概念，对级数的收敛性进行系统的研究。为19世纪中叶分析学的严密性奠定了基础。

1827年，高斯出版了《关于曲面的一般研究》，全面系统地阐述了空间曲面的微分几何学，并提出内蕴曲面理论，这是近代微分几何的开端。

高斯的研究几乎遍及所有数学领域，在数论、代数学、非欧几何、复变函数和微分几何等方面都做出了开创性的贡献。他还把数学应用于天文学、大地测量学和电磁学的研究，也都取得显著的成果。

正是由于高斯在科学方面的诸多贡献，德国银行于1993年发行了印有高斯肖像的10马克（德国）的纸币，以资纪念（图4.3.3）。

---

[1] 贝努利（Bernoulli）是瑞士一个产生过11位数学家的家族，其中著名的有雅科布·贝努利（见7.1节）。雅科布的弟弟约翰·贝努利（本节）。约翰的次子丹尼尔·贝努利（本节）。另有约翰的长子尼古拉·贝努利（Nicolaus Bernoulli，1695–1726），他与丹尼尔一起被聘为俄国圣彼得堡科学院数学教授，他虽然早逝，但在概率论和三次曲线研究方面较有成就。

10.2 数学会议

1. 国际数学家大会

国际数学家大会（International Congress of Mathematicians，简称ICM）是由国际数学联盟（International Mathematical Union，简称IMU）主办的全球性数学科学学术会议。它每4年举行一次，第一届国际数学家大会是1897年在瑞士苏黎世举行的。除了两次世界大战期间以外从未中断过，至2011年，已经举办了26届，这是国际数学界的盛大聚会。

好几届国际数学家大会的主办国都曾为大会发行过纪念邮票，形成一个有趣的数学专题邮票系列。现在分别介绍如下：

1966年第15届国际数学家大会在苏联的莫斯科召开，图10.2.1是苏联邮政发行的一枚纪念邮票，图案中间是这次大会的会标（地球和积分符号），两边分别是求和与集合并的数学符号。

1978年第18届国际数学家大会在芬兰的赫尔辛基召开，图10.2.2是芬兰邮政为这次大会发行的一枚纪念邮票，图案为"模结构"的部分几何图形。

图10.2.1（苏联，1966）　　　　　　图10.2.2（芬兰，1978）

1983年第19届国际数学家大会在波兰的华沙举行，波兰邮政早在1982年就发行了一套代表现代波兰数学学派的四位数学家邮票，以迎接这次大会的召开。这四位数学家依次是：扎伦巴（S.Zaremba，1863—1942，图10.2.3），他的主要成果有三重积分极大值问题、古典狄利克雷问题不可解情形；谢尔宾斯基（图10.2.4），他在数论和集合论方面有不少贡献；雅尼谢夫斯基（Z.Janiszewski，1888—1920，图10.2.5），他主要从事集合论、拓扑学和数学基础等方面研究；还有巴拿赫（图6.7.3），他创立的巴拿赫空间理论是现代泛函分析的重要基础。

图10.2.3（波兰，1982）　　　图10.2.4（波兰，1982）　　　图10.2.5（波兰，1982）

1990年第21届国际数学家大会在日本的京都召开。日本为这次会议发行了一枚纪念邮票。图10.2.6是贴了两枚纪念邮票的首日实寄封。票图是一个多面体的几何模型，会标在邮票的右上角，首日纪念邮戳中心也是会标图案。

图10.2.6（日本首日实寄封，1990）

1994年第22届国际数学家大会在瑞士的苏黎世召开。图7.1.4是瑞士为此发行的一枚纪念邮票，票图是瑞士著名数学家J.贝努利（雅科布）和大数定律。J.贝努利在数学方面还有许多重大成果。例如：他曾对微积分法的发展作出了重要贡献；为常微分方程的积分法奠定理论基础；在研究曲线问题方面他提出了一系列新概念；创立了变分法；他还是概率论的早期研究者，其中许多术语都是以他的名字命名的。

1998年第23届国际数学家大会在德国的柏林召开。德国邮政发行了一枚纪念邮票（图1.3.11），画面是"矩形求方"问题的一种解法。

2002年第24届国际数学家大会在中国的北京召开。中国邮政发行了一枚邮资明信片（图3.2.8）。会标图案是中国古代证明勾股定理的赵爽弦图（详见3.2节）。

2006年第25届国际数学家大会在西班牙的马德里召开。为此，西班牙邮政于2006年5月17日发行了一枚纪念邮票。

2．专业或者地区数学学术会议

数学的相关专业也经常召开学术会议，以便进行该专业的学术和信息交流。我们在前面介绍过1986年在苏联塔什干召开的"第一届贝努利世界数理统计与概率论大会"（图7.1.7）。图10.2.7是1975年在巴基斯坦卡拉奇召开的"国际数学学术会议"的纪念邮票、邮戳以及首日封。图3.5.15是1981年在因斯布鲁克召开的第10

届国际奥地利数学家（欧洲）大会的纪念邮票。图10.2.8是1985年在匈牙利布达佩斯召开的第3届计算机科学会议纪念邮票。图10.2.9记载了1996年在匈牙利布达佩斯召开的第2届欧洲数学会议。图10.2.10是1998年在匈牙利布达佩斯召开的计算机技术会议纪念邮票。图10.2.11是记载了2005年在卢森堡召开的国际应用数学与力学会议。此外，也有好些国家经常召开全国性的数学学术会议，以促进本国数学研究的进展。如图3.5.9是巴西在1967年召开的第6届全国数学家大会的纪念邮票，图10.2.12是伊朗在1994年召开第25届数学家会议的纪念邮票。

图10.2.7（巴基斯坦首日封，1975）

图10.2.8（匈牙利，1985）

图10.2.9（匈牙利，1996）

图10.2.10（匈牙利，1998）

图10.2.11 (卢森堡，2005)

图10.2.12 (伊朗，1994)

10.3 世界数学年和国际数学节

根据国际数学联合会的提议，联合国科教文组织确定2000年为"**世界数学年**"，其目的在于**提高数学在整个社会中的能见度**。为此，许多国家的邮政部门在2000年相继发行邮票，加强宣传，以展现数学的风采并推动此项工作的开展。这些国家有：摩纳哥（图10.3.1）、克罗地亚（图10.3.2）、比利时（图10.3.3）、卢森堡（图10.3.4）、阿根廷（图10.3.5）、捷克（图5.4.2）等等。其中卢森堡、捷克和比利时的邮票都涉及费马大定理，可见大家对它的关注程度。在卢森堡和比利时邮票上还出现了斯托克斯公式的一般形式。在比利时的邮戳上有正态分布曲线。在摩纳哥和卢森堡的邮票上出现圆周率 π。在卢森堡邮票上用无穷级数形式表示 ζ 函数。摩纳哥邮票上更为丰富，不仅有印度–阿拉伯数码、几何图形、黄金分割数、还有黑白棋盘和达·芬奇的人体比例图等等。

图10.3.1
（摩纳哥，2000）

图10.3.2 (克罗地亚，2000)

图10.3.3 (比利时邮票与首日纪念邮戳，2000)

图10.3.4（卢森堡，2000）

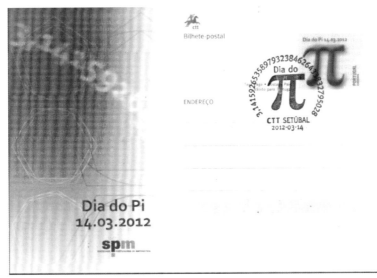

图10.3.6（葡萄牙明信片，2012）

图10.3.5（阿根廷，2000）

国际数学联合会在2011年决定每年的3月14日为π日（或称圆周率日），也称为国际数学节。葡萄牙在2012年3月14日发行一枚π日纪念邮资明信片（图10.3.6），葡萄牙塞图巴尔邮局加盖首日纪念邮戳，以此纪念这个特殊的日子。关于圆周率π，我们在3.1节已有叙述。

10.4　国际数学组织和大学数学的教育与研究

最早的国际数学组织是1920年成立的**国际数学联盟**。经过近一个世纪的变化，它仍然是世界上涵盖面最广泛的国际数学组织。此外，还有一些国际组织备受人们的关注，如：总部设在巴黎的"**应用数学与工业学会**"（Societe de Mathematiques Appliqees & Industrielles，简称SMAI）；总部设在丹麦科技大学内的"**国际数理统计与运筹学协会**"（International Association for Mathematical Statistics and Operations Research，简称IMSOR）等等。这些国际组织也都促进了各自领域内的学术交流和发展。

许多大学数学系也都是数学教育和研究的前哨阵地。比如**法国巴黎南大学**（Universite Paris Sud）的数学系（图10.4.1）和计算机实验室（图10.4.2中LRI是计算机实验室Laboratoire de Recherche en Informatique的缩写）。

图10.4.1（法国邮资机戳，1993）

图10.4.2（法国邮资机戳，2001）

除了国际数学组织，世界各国也都建立了自己国家的数学协会，或者类似的学术团体。图10.4.3和图10.4.4就是捷克斯洛伐克的"数学与物理学联合会"成立125周年纪念邮票中的两枚（本套邮票共3枚）。图10.4.5是捷克"数学与物理学联合会"成立150周年纪念邮票。图10.4.6是纪念印度数学学会的邮票。

图10.4.3（捷克斯洛伐克，1987）　　　　图10.4.4（捷克斯洛伐克，1987）

图10.4.5（捷克，2012）　　　　图10.4.6（印度，2009）

　　图10.4.7是纪念葡萄牙数学学会主要创始人里贝罗（M.P.Ribeiro，1911–2011）诞生100周年的邮资已付明信片。

10.5　国际数学奥林匹克

　　国际数学奥林匹克（International Mathematical Olympiad，简称IMO）是国际中学生数学大赛，其目的是：发现与鼓励世界上具有数学天分的青少年，为各国进行科学教育交流创造条件，增进各国师生间的友好关系。这一竞赛最先由东欧国家发起，得到联合国教科文组织的资助。第一届竞赛由罗马尼亚主办，1959年7月22日至30日在布加勒斯特举行，参加的国家有：保加利亚、捷克斯洛伐克、匈牙利、波兰、罗马尼亚、民主德国和苏联等7国。以后国际数学奥林匹克活动都是每年7月举行（中间只在1980年断过一次）。参赛国从1967年开始逐渐从东欧扩展到西欧、亚洲、美洲，最后扩大到全世界。目前参加这项赛事的代表队有100余支。中国是1985年开始参加竞赛。经过近50多年的发展，国际数学奥林匹克的运转逐步制度化、规范化，并有了一整套约定俗成的常规为历届参赛国所遵循。

　　由于出题范围超出了所有国家的义务教育水平，其难度也大大超过大学入学考试。因此相关的数学教育专家认为，只有5%的智力超常的少年儿童适合学奥林匹克数学，而能达到国际数学奥林匹克顶峰的人更是凤毛麟角。

有几届主办国还发行相应邮品，其中有：

图10.5.1是1976年在奥地利举行第18届IMO时，当地邮政刻制的纪念邮戳，邮戳中央是奥地利地图。

图10.5.2是1990年在中国举办第31届IMO时，中国邮政发行的邮资明信片。

图10.5.1（奥地利纪念邮戳，1976）

图10.5.2（中国邮资明信片，1990）

图10.5.3是2000年在韩国举办第41届IMO时，韩国邮政发行的纪念邮票。

图10.5.3（韩国，2000）

此外，有些地区也举办数学竞赛，图10.5.4就是法属波利尼西亚参加澳大利亚数学竞赛15周年纪念邮票。

图10.5.4（法属波利尼西亚，1993）

10.6　数学杂志

数学学术杂志是国际之间进行学术交流的重要园地，也常常是推动数学发展的前哨阵地。图10.6.1和图10.6.2是罗马尼亚数学杂志《数学公报》创办50周年的纪念邮票。图10.1.1是该杂志的封面，图10.6.2是该杂志历任主编，他们依次是约内斯库（I.Ionescu，1870–1948）、蒂特伊卡（G.Titeica，1873–1939）、伊达奇迈斯库（A.O. Idachimescu，1895–1943）和科里斯特斯库（V.Cristescu，1869–1929）。图10.6.3是纪念该杂志创办100周年（1895–1995），票图头像是杂志创办人约内斯库。

图10.6.1（罗马尼亚，1945）

图10.6.2（罗马尼亚，1945）

图10.6.3（罗马尼亚，1995）

我们前面已经说到（5.2节）：正是由于阿贝尔受到《纯粹与应用数学杂志》创办人克雷勒的赏识，才使他的论文能够载入该杂志第一期中。1684年10月，莱布尼茨在《教师学报》上发表的论文《一种求极大极小的奇妙类型的计算》成为最早的微积分文献，而具有划时代的意义（6.2节）。由此可见，数学杂志对于数学的研究与发展所具有的重大意义。

人名索引

A

B

R

集邮名词索引

参考文献

[1] 梁宗巨. 世界数学通史[M]. 沈阳：辽宁教育出版社，2001.

[2] 徐品方，张红. 数学符号史[M]. 北京：科学出版社，2006.

[3] 谷超豪. 数学词典[M]. 上海：上海辞书出版社，1992.

[4] 威尔逊(Wilison，R.J.). 邮票上的数学[M]. 李心灿，邹建成，郑权译.
上海：上海科技教育出版社，2002.

[5] 秦克诚. 邮票上的物理学史[M]. 北京：清华大学出版社，2005.